沖縄の米軍基地を「本土」で引き取る！

沖縄の米軍基地を「本土」で引き取る！編集委員会・編

コモンズ

もくじ■沖縄の米軍基地を「本土」で引き取る！

Chapter 3

キーワードから読み解く基地引き取り論

Chapter 4

基地引き取り論への批判に応える

Chapter 5

基地引き取り運動Q＆A

Chapter 1

基地引き取り運動に寄せられたメッセージ

Lead

「これ以上沖縄には基地は要らない！」という沖縄からの切実な声を受けてスタートした基地引き取り運動。当初から、その賛否をめぐって議論を呼んできました。基地引き取りの論理とは何か、どう向き合えばいいのか。“あの人”に聞いてみました。

引き取り運動に寄せて

高橋哲哉
(TAKAHASHI Tetsuya)
東京大学大学院総合文化研究科教授。1956年、福島県生まれ。専攻は哲学。歴史認識、憲法、教育、原発・基地問題など、現代社会の思想的諸問題について幅広く発言。主な著書に『デリダ——脱構築』『戦後責任論』(ともに講談社)、『靖国問題』(ちくま新書)、『沖縄の米軍基地——「県外移設」を考える』(集英社新書)などがある。

日本の戦争責任と植民地主義

戦争責任の問題を本格的に考え始めたのは、東京大学教養学部助教授だった１９９０年代です。元慰安婦の女性たちをはじめとするアジアの被害者の証言が出てきたことに心動かされ、慰安婦問題や靖国の問題を論じるようになりました。沖縄に関しても、かつて独立国だったことや沖縄戦とその後の米軍統治のことなど、一応の歴史認識は持っていました。しかし、私自身もいま振り返れば、「戦後護憲派」として、日米安全保障条約を破棄することで日本からすべての米軍基地が撤去され、沖縄問題も解決するだろうという認識だけにとどまっていました。

その認識にとどまりえなくなったのは、２００５年に刊行された野村浩也さんの著書『無意識の植民地主義——日本人の米軍基地と沖縄人』(御茶の水書房)を読んだことがきっかけです。琉球が日本に併合されて以降、沖縄は日本本土にとって一貫して植民地主義の対象であり、その現在的な表れが米軍基地の押しつけであるとする論理に、非常に納得させられました。「日本人は最低限、基地を引き取るべきである」という主張にも、なるほどと思いました。その主張を当然だと思ったのは、90年代から日本の戦争責任を考えるなかで、「植民地主義」が思想的にも政治的にも根本的なテーマであると考えるようになっていたからです。在日朝鮮人の作家で友人の徐京植《ソキョンシク》さんとともに04年から4年間、植民地主義批判をテーマにした季刊の思想雑誌『前夜』の編集に携わった経験からも、大きな影響を受けました。

対等な関係への当然の要求

その後、難民や貧困、中東問題など「人間の安全保障」について教育研究する東大のプログラムに関わるようになり、さっそく沖縄の問題に向き合うことにしました。基地問題は、国家の安全保障のために、沖縄の人びとの人間の安全保障が脅かされているケースだと思ったからです。1学期間、基地問題をテーマに授業を行い、その中で、「安保破棄による全基地撤去」「基地引き取り」などいくつかの提案を学生に提示し、議論を交わしました。その内容をまとめて、08年に東京大学出版会から刊行した『人間の安全保障』に書きました。自分の主張を出すというよりは、重要な見方の一つとして提示したものでしたが、基地引き取りについて書いた最初の出版物になりました。

翌09年には鳩山由紀夫首相（当時）が「最低でも県外」と発言したことをきっかけに、沖縄では県外移設への期待が高まりました。しかし、民主党（当時）は結果的に「辺野古《へのこ》推進」に回帰し、怒りと失望が広がります。「あまりにも異常な基地負担の不平等があるのに、普天間《ふてんま》基地ひとつ引き取れないのか」という声は、「対等」な関係への強い渇望であり、当然の要求だと思いました。私はヤマトンチュとして、基地引き取りの論理を立てなければならないと思うようになりました。しかし、なかなか態度を表明するには至りませんでした。初めて公に口に出したのは12年になってからです。

12年に朝日新聞の復帰40年特集記事で、知念ウシさんと対談をすることになりました。知念さんとは初対面でしたが、著書『ウシがゆく――植民地主義を探検し、私をさがす旅』（沖縄タイムス社）を読むと、「基地を持って帰ってくれ」と書かれています。対談は、私自身の立場が問われる場所になると思いました。そのときに自分の態度を決め、対談に臨みました。その後、知念さんや野村浩也さんと交流しながら、15年に『沖縄の米軍基地――「県外移設」を考える』（集英社新書）を出したことで、引き取りの正当性を正面から論じるに至ったというのが経緯です。

別の選択肢としての基地引き取り

「安保破棄・全基地撤去」をスローガンとする戦後護憲派の立場とやや異なるため、思想的につながってきた人たちが受け入れてくれるだろうか、ひょっとしたら対立することもあるだろうか、という思いはありました。実際には、賛同する人も納得できないという人もいます。長年つきあいのあった出版社や編集者と関係が切れてしまったケースも、3例ありました。いずれもリベラルな雑誌や本ですが、引き取り論について書いた論考が掲載拒否を受け、しかも残念ながら、納得できる理由を示してはもらえませんでした。自分たちがずっと取り組んできた原則が崩されるような危機感があるのではないかと思っています。

さまざまな意見があるのは確かですが、沖縄で普通に生活している人たちが感じている不平等感や苦痛は、誰にも否定できません。差別を解消するために、また辺野古新基地建設を止める一つの手段として、これからも引き取りに取り組んでいきたいと思います。引き取り運動は「辺野古が唯一」という政府の方針に対して、別の選択肢を示すものです。普天間基地の引き取りの声を日本各地で上げることが必要です。（談）

沖縄の「県外移設を求める声」は、エリートやリーダーではなく、庶民から出てきたものだ

知念ウシ
(chinin ushi)
1966年、沖縄生まれ。津田塾大学、東京大学卒業。むぬかちゃー（ライター）、沖縄国際大学非常勤講師。主な著書に『ウシがゆく――植民地主義を探検し、私をさがす旅』（沖縄タイムス社）、『シランフーナー（知らんふり）の暴力――知念ウシ政治発言集』（未來社）がある。

始まりは女たちの大行動

「県外移設」の主張は、「オール沖縄」と呼ばれる、普天間基地の県内移設に反対する、沖縄の保守の一部と革新が連帯する政治勢力がつくられていく過程に、大きな役割を果たしている。

「県外移設」のルーツは１９９６年ごろ、大田昌秀《まさひで》県知事が日本政府や政治家らに対して要求した在沖基地の日本全国での「応分の負担」にある。しかし、沖縄の市民グループが日本の市民に向けて県外移設を求め、基地を引き取るように声を上げたのは、98年の沖縄女性による「女たちの東京大行動」が始まりだろう。そこから20年かけてじわじわと広がってきたのである。

98年5月、沖縄から１２５人の女性が東京に赴き、首相官邸、外務省、米大使館に申し入れ、銀座や原宿で道ジュネー（デモ）を行い、「普天間基地の県内移設反対」を訴えた。そのなかで、（普天間基地のある）宜野湾《ぎのわん》と（その移設先とされる）名護《なご》の女性たちが日本の市民に「基地コーンミソーレー（買ってください）」「普天間基地大安売り」「今なら振興策がついてます」と呼びかけた。それは沖縄の着物に身を包み、沖縄女の伝統的な行商スタイル――大きなタライに魚や野菜、果物を入れて頭の上に載せ、「イユ（魚）コーンミソーレー」「ムム（桃）コーンミソーレー」と呼びかけながら歩くやり方――で行われた。タライの中に

は普天間基地の模型が入れてあった。

沖縄の中だけでの「タライ回し」は許さない

タライは、基地が沖縄の中だけで「タライ回し」されることへの異議だ。さらに、東京の市民へ呼びかけるということで、軍事基地を「振興策」という金で「押し売り」する日本の政府と社会へ、「そうであるなら、あなたたちが買って」と「返す」という問題意識が明確化された。彼女たちは当時40~50代。自分と家族と沖縄の社会に責任を持つことを決意していた。

沖縄戦直後の沖縄社会では人口の7割が女性だった。男性は、壮年はさらなる外地での戦争に送られ、少年と老人は沖縄現地での地上戦に動員され、多くは命を奪われた。生き残った女性たちは、女手一つで家族を養う使命を担わされた。タライでの行商もそのためだった。

「わたしたちはこんなふうにして育てられたのよ」

「基地コーンミソーレー」と、東京でタライに普天間基地を入れ、頭に載せて「売り歩」こうとした名護の女性は、自分の姿にそう言った。彼女は沖縄戦で父を亡くし、母親に育てられた。宜野湾市に住み、普天間基地が造られていく様を見た。基地ができ、その内外で沖縄人がどんな目にあうか見聞きしながら育った。おとなになって名護で暮らすと、そこに「普天間基地移設」を口実に新基地建設が降ってきた。立ち上がらざるを得なかった。東京での記者会見で彼女は、基地に囲まれた沖縄の暮らし、沖縄戦で生き残った者が耐え忍んできた「言うに言われぬ苦しみ」を語った後で訴えた。

「ヤマトの皆さんも安保が必要だと思うのなら、沖縄に基地を押しつけないで、皆さんで平等に分担するという真心（チムグクル）を沖縄の人に示してください」

「チムグクル」とは、他人の苦しみでも、知ると自分の体に痛みを感じ、シランフーナー（知らんふり）せず、何かしなければならないという、沖縄の価値観における、人として不可欠で根幹とされる想像力、倫理感、知性、行動力の集合体のようなことだ。彼女はそうした応答を日本の市民に求めたのである。

そしてタライは、宜野湾から参加した女性の祖父と父のものだった。日本による琉球王国廃滅の混乱のなかで、彼女の先祖の一部は救援依頼に中国に渡り消息をたち、一部は北米に移民しそこで亡くなり、そして彼女の祖父は沖縄で染色職人になり、沖縄戦後も息子と共に、琉球藍を染め続けた。そのタライだった。

「基地コーンミソーレー」と沖縄アンマー（母親）の姿で日本の市民に呼びかける「パフォーマンス」は、「ブラックユーモア」と「面白がられる」一方、「基地を売るとは何事だ」「すべての基地はいらない」「沖縄の人は自分の痛みを他人に押しつけてはいけない」「『移設』は安保容認。基地は沖縄でなくさねばならない」と激しい批判を浴びてきた。基地反対運動のなかでは長くタブー扱いだったとも言える。

「沖縄の基地問題」とは平和（＝基地反対）だけではなく、近代日本の琉球併合以来の植民地主義の問題である。すなわち、日米両政府が沖縄に基地を押しつけ、それを日本の市民が「国民主権」において賛成・容認し、反対したとしても成立させ続け、そして、基地や安保への賛否にかかわらず、それらの基地からも反基地運動からも日本が利益を得ている構造である。それが世界的な米日の軍事戦略も支えている。それをそのなかで最も被抑圧的な位置にいる沖縄女性が見抜き、その構造を成立させる関係性を脱しよう、自らの問題は自らで片付けよう、と日本の市民に向けて、声をあげた。それが共に、そしてそれぞれに、平和を創っていく道だと呼びかけているのである。

この道しかない

木村草太
(KIMURA Souta)
1980年、横浜市生まれ。東京大学法学部卒業。同大学助手を経て、現在、首都大学東京教授。テレビ朝日系列『報道ステーション』のコメンテーターなど、メディア出演も多数。主な著書に『テレビが伝えない憲法の話』(PHP新書)、『憲法という希望』(講談社現代新書)などがある。

最高裁第二小法廷は、弁論を開かないまま辺野古訴訟の判決期日を（２０１６年）12月20日に指定した。このことに、私はかなりの衝撃を受けている。原審の結論を覆す可能性はほぼなく、県敗訴となる見通しだ。福岡高裁那覇支部判決の問題を振り返っておこう。

まず、判決が、仲井真《ながいま》弘多《ひろかず》前知事の埋立承認処分の適法性を審査対象としたのは誤りだ。前知事の決断時には合理的に見えても、後に、新たな事実や、考慮すべき要素が見いだされることもある。翁長雄志《おながたけし》現知事の行った取消処分の適法性を判断するには、前知事ではなく、現知事の処分の判断の合理性・適法性を審査しなくてはならない。

また、専門家の判断軽視も看過できない。環境問題の専門家からなる第三者委員会は、今回の埋め立てが「環境保全」への「十分配慮」を求める法律に違反していると判断した。知事の埋立承認処分取消は、これを受けたものである。通常であれば、特別の事情が示されない限り、裁判所は専門家の判断を尊重する。しかし、今回の判決は、第三者委員会の判断のどこにどのような問題があったのかを指摘していない。

さらに、再三この連載で指摘したように、憲法上の問題もある。沖縄県側は、次のように主張していた。米軍基地の設置は地元自治体の自治権制限を伴う。そして、憲法92条は、自治体の組織・運営に関わる事項を「法律」で決すべき事項としている。しかし、米軍基地の設置基準や手続きを定めた法律や辺野古基地設置法は制定されていない。従って、辺野古新基地の建設は、そもそも違憲である。

これに対し判決は、自治権制限は「条約」に基づくものだから良いのだ、と開き直った。言うまでもなく、法律と条約は異なる法形式だ。原審の判断は、安保法制で騒がれた「解釈改憲」どころか、憲法明文に反する解釈だ。

原審には、主だったものだけでも、これだけ問題がある。原審の判断を維持するなら、その一つ一つに理論的に反論を示す必要がある。しかし、判決後の法律家らの議論を見ていても、理論的に筋の通った反論は見当たらない。現実問題として、基地の建設はやむを得ない、といったものばかりだ。最高裁が、これほど法的に筋の通らない原審を、議論もせずに維持するとすれば、裁判所が「法」に従わずに、「権力者の意思」に流された、あしき前例となるだろう。

こうなると、本土の市民の正義感に期待する他はない。この点、わずかながら明るい材料もある。各種報道によれば、大阪、福岡、新潟などの住民が、「地元で沖縄の基地を引き取ろう」という運動を展開しているらしいのだ。

世論調査の結果を見る限り、日米安保体制への国民の支持は厚い。そうだとすれば、沖縄の基地負担軽減を実現するには、「基地絶対反対」ではなく、本土への引き取り運動こそが有意義なように思われる。基地の引き取りを真剣に議論すれば、基地問題を、ひとごとではなく、自分事として考えざるを得ないだろう。

沖縄に対する差別を解消し、正義・公平を実現するには、この道しかない。

※本稿は木村氏が沖縄タイムスに連載中の【木村草太の憲法の新手】(46)「辺野古訴訟の最高裁判断 憲法反するあしき前例」(2016年12月18日掲載)の原稿を氏の好意で転載させていただきました。なお、本稿を含む連載をまとめた同名の本が17年3月末に沖縄タイムス社から刊行されています。

「また一人現れたか」の一人であることをやめるために

初沢亜利
(HATSUZAWA Ari)
1973年、パリ生まれ。上智大学文学部社会学科に在学中に写真を始め、イイノ広尾スタジオを経て写真家としての活動を開始。第29回東川賞新人作家賞受賞。主な写真集に『True Feelings――爪痕の真情。』(三栄書房)、『沖縄のことを教えてください』(赤々舎)、『隣人、それから。――38度線の北』(徳間書店)がある。

無自覚な差別

２０１３年11月に沖縄本島に移り住み、１年３カ月の撮影期間を経て、15年８月に写真集『沖縄のことを教えてください』(赤々舎)を出版した。

１９７２年の日本復帰前後から、写真集に限らず、おびただしい数の沖縄関連本が本土で出版されてきた。伝統文化に光を当てたもの、基地反対運動のルポルタージュ、移住者による「肌で感じた沖縄」的なものもあるが、大半は楽園ものだ。

本土に住む日本人にとって都合のよい楽園像が40年以上垂れ流され、沖縄好きが再生産されてきた。一方的に眼差しを向け、雄弁に語る表現者の多くは、日本人の一員であるかぎり逃れることのできない責任については口をつぐんできた。自己批判なく沖縄語りを繰り返してきた彼らの化けの皮を剥がしたのは、沖縄出身の社会学者野村浩也だ。

05年当初、沖縄県内でも批判の多かった著書『無意識の植民地主義――日本人の米軍基地と沖縄人』(御茶の水書房)は、その後沖縄が日本政府からのさまざまな暴挙と、国民の無関心に曝されるなか、徐々に県民の心に浸透し、翁長知事の発言の根幹に盛り込まれるまでに至った。こうして、日米安保を破棄するために、世界平和を勝ち取るために共に闘おう、という本土からの善意の呼びかけ自体が無自覚な差別の実践であることに、沖縄人は気付いた。

滞在中、連日連夜いろんな考えを持つ沖縄人と対話したが、彼らの私への感情は「また一人現れた」のひと言に尽きた。「沖縄人の思いなど分かるはずがない。せいぜい頑張ってくれ。期待してないけど」と苦笑いをし、足早に席を立った。滞在中のある深夜、スナックのカウンターで「写真を持ち帰るくらいなら、基地の一つも持ち帰ったらどうだね」と問うた初老の男に、私は感謝をしている。

写真集に載せた150点は、おそらくどの一点をとっても、本土の人間の願望に則していない。われわれのために沖縄が存在しているわけではないのだから、当たり前のことだ。日本には先の大戦を克服する上でやり残したことが2つある、と私は以前から考えていた。ひとつは、かつて植民地支配をした北朝鮮との国交正常化を果たすこと。もうひとつは沖縄への米軍基地の過剰負担の解消だ。北朝鮮から沖縄へと撮影対象が移行したことは、私の中で必然だった。

15年に東京に戻り、写真集完成に向けての準備期間に、野村氏の紹介で高橋哲哉氏にお会いした。大阪、福岡に続き、東京での引き取り会を立ち上げることは、東京在住の私にとって、帰京時に持ち帰った宿題でもあった。

後ろめたさから解放されるために

安全保障が日本全体に関わることを、知らぬ者はいない。米軍基地の大半が、かつてわれわれの先祖が滅ぼした琉球民族の住む島に置かれていることも、知らぬ者はいない。だからこそ、われわれは沖縄から目を背けてきた。沖縄人は基地で飯を食っている、と思いたい。沖縄県民の人権を日々踏みにじることで本土の平和が保たれている、などと思いたくない。人は誰も自らが差別者である、という事実を認めたくはないのだ。

後ろめたさから解放される方法は一つしかない。日本国の安全保障は日本全体でリスクを負う、ということだ。本土への基地引き取りとは、日本が成熟した民主主義国家となるために避けては通れない道なのだ。沖縄人が最低限の基本的人権を取り戻すことに、いったいどのような論理で抵抗できるというのか。

写真集が商品として流通するかぎり、写真家には写された被写体へ責任がある。「また一人現れたか」の一人であることをやめるために、私はこれからも本土の人間に対し「引き取り」の必要性を主張していく。

難しいけれども

津田大介
(TSUDA Daisuke)
1973年、東京都出身。ジャーナリスト／メディア・アクティビスト。早稲田大学文学学術院教授。ウェブを利用した新しいジャーナリズムを多様な形で実践。主な著書に『ウェブで政治を動かす！』(朝日新聞出版)ほか多数。2011年9月より週刊有料メールマガジン「メディアの現場」を配信中。

沖縄の米軍基地は「本土」が押しつけてきたものという認識を「本土」で広めるのは、やらなければいけないものですが、難しいものでもあります。右からは、「でも沖縄は結局、地政学的に中国や北朝鮮が近いんだからしょうがない。振興予算もたっぷりもらってるんでしょ」と言われ、左からは「基地はどこにも要らない」と言われる。それによって議論が進まなくなってしまう。しかし、そもそも安全保障の問題は沖縄だけではなく、国全体で考えなければならない問題です。全国民が当事者意識を持つことが大事なのかなと思います。

そんな中で、「戦後70年以上も『本土』が沖縄に基地を押しつけてきたにもかかわらず、8割の日本人は日米同盟に賛成している。ならば沖縄の米軍基地を『本土』に引き取ろう」という引き取りのロジックはよく分かるし、僕もこの基地引き取り論の全体的な趣旨には賛同しています。

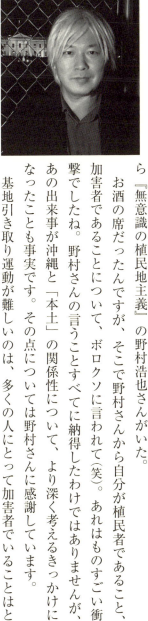

私が沖縄に興味を持ったのは、ジャーナリストの高野孟さんがきっかけですね。２０１４年に入った直後、僕の番組に高野さんがゲストでいらして、そのときの雑談で「今年は沖縄県知事選挙もあるし、辺野古の問題の緊張がかつてないほど高まる。ジャーナリストなら、沖縄に行って問題を見てきたほうがいい」とアドバイスを受けたことがきっかけになりました。

初沢亜利さんとの出会いはある雑誌の取材で、14年の沖縄県知事選挙を取材に行く際に彼が沖縄に滞在していた時期だったから、現地コーディネーターをしてもらったんです。年齢も同じだったから、話が合ったんですよね。それからしばらくして、東京に戻ってきた初沢さんから飲みに誘われて、お店に着いたら『無意識の植民地主義』の野村浩也さんがいた。

お酒の席だったんですが、そこで野村さんから自分が植民者であること、加害者であることについて、ボロクソに言われて（笑）。あれはものすごい衝撃でしたね。野村さんの言うことすべてに納得したわけではありませんが、あの出来事が沖縄と「本土」の関係性について、より深く考えるきっかけになったことも事実です。その点については野村さんに感謝しています。

基地引き取り運動が難しいのは、多くの人にとって加害者でいることはとてもしんどいからですね。誰もが、加害者でいることは認めたくない。もちろんそれは免罪符にならないし、そのことを理由に沖縄に基地負担を押しつけたままでいいわけがない。

沖縄に基地が必要だと主張する右の人に言ってもすぐに理解してもらうのは難しいと思うので、ほんとうだったら左の人に分かってもらうことが一番なんでしょう。しかし、「基地は沖縄にも『本土』にもどこにも要らない」で、返されてしまう。

たとえば「基地引き取りは軍拡につながる」とか「性暴力も引き取るつもりか」とか批判してくる左の人たちに対しては、「自分たちが沖縄に基地を押しつけてきたことを無視するのですか？」と聞いていくしかない。「本土」引き取りは、単純に基地を移すという話ではない。その問いを、説得力のある言葉で「本土」の人たちに伝えていくしかないと思います。

期待が持てるのは、NHKの沖縄復帰45年の世論調査で、沖縄に日本にある米軍専用施設の約7割が集中していることについて、全国で「差別的だ」と答えた人は半数を超え、「沖縄の米軍基地の在り方について、県民の意思を反映すべきか」という問いについて「反映すべきだ」と答えたのが8割に上ったというデータです。

「本土」側の意識も、沖縄と「本土」をめぐる複雑な状況のなか、少しずつですが変わってきています。このことは沖縄の人たちにとって、わずかではありますが希望なのではないかと。

まずは応分負担を目指して、そこから考えていかないと。そのためにも、基地引き取り運動という存在を知ってもらうことが大切ですし、その過程でより広い層に届くロジックを編み出していきたいところですね。（談）

Chapter 2

なぜ、いま、基地引き取りか

Lead

2015年に産声を上げた基地引き取り運動は、現在、大阪、福岡、長崎、新潟、東京、山形、兵庫、滋賀、埼玉、北海道の全国10カ所に広がっています。なぜ行動に加わったのか、どんなことをしているのか、メンバーたちがその想いを語ります。

新潟から

新しい「自治」の創出を求めて

福本圭介（沖縄に応答する会@新潟）

photo by 初沢亜利

辺野古では、反対する沖縄の人たちを排除しながら、大浦《おおうら》湾を埋め立てるための工事が続けられています。砕石が海に投入され、水が白く濁るのを初めて見たとき、私はその濁りに取り返しのつかないものを感じました。この工事は、私たちが人間であることの基盤さえも破壊しているように思います。どこまでも沖縄の人たちを人間として扱わない日本人。果たして、私たちは人間と言えるでしょうか。

沖縄の基地問題は日本人の問題

私たちの国は、沖縄に基地を集中させるという差別的政策をずっと続けています。そして、この政治的選択が、まぎれもない暴力として、沖縄の人たちの命と尊厳を激しく傷つけています。この差別的政策を実行しているのは、この国の政府です。しかし、この暴力を根っこで支えているのは、私たち「本土」のマジョリティではないでしょうか。

とはいえ、私も長い間そうした日本人の一人でした。沖縄の現実にはずっと目を向けてこなかった。しかし、２００７年の冬に、友人２人と一緒に辺野古を訪れたときに何かが変わりました。海上で座り込む人たちの存在は、新潟に戻ってからも私の心にずっと残りました。以後、折に触れて辺野古の浜を訪れるようになりますが、いつも何も行動を起こせていない自分がいて、恥ずかしい、申し訳ないという気持ちでした。

そうしたなかで、ずっと心に引っかかっていた「基地引き取り」に向き合ってみようと思ったのです。
15年12月、沖縄在住の政治学者ダグラス・ラミスさんをゲストに迎え、新潟の2つの大学でシンポジウム・講演会を共同開催しました。それをきっかけに、16年2月、問題意識を共有する仲間たちと「沖縄に応答する会@新潟」(以下、「応答する会」)を結成することになります。

「応答する会」は、米軍基地は「本土」に引き取り、「本土」で解決しようと訴える新潟の会です。当初からそのような目標を明確に掲げていたわけではありません。迷いや葛藤もありました。それでも、沖縄の苦しみの根源にあるのは差別であり、歴史的には植民地主義の問題だということは、会員誰もが認識していました。「もう差別はやめてほしい」という沖縄の人びとの叫びを決して無視だけはしない、応答する。全員でそれを決めました。そこが出発点でした。

繰り返しますが、沖縄の基地問題は、沖縄の問題ではありません。それは、米軍基地を欲しながら、自らは決して引き受けようとしない日本人の問題です。世論調査をみると、いまでは国民の約8割が日米安保条約を支持しています。私たちの多くが米軍基地は日本に必要だと考えているのです。

にもかかわらず、米軍基地の大部分は小さな沖縄に押しこめられており、「本土」の日本人はそれを「他人事」として知らん顔をしています。基地は欲しいけれど地元には欲しくないという自己矛盾を、沖縄に押しつけることで「解決」する。そんな無責任で恥ずかしい生き方を私たちはずっと続けてきたのです。「辺野古が唯一の解決」(政府見解)とは、何という「解決」でしょうか。

「基地引き取り」とは「基地問題」の自律的解決

「基地引き取り」は、決してエキセントリックな主張ではありません。米軍基地が必要なら、国民全体で公平に負担するのは当然のことです。不必要なら、国民的な合意をつくり、安保条約を破棄すればいい。ただし、どのような結論を出すにせよ、沖縄はもう一刻も待てません。沖縄に基地を集中させるという差別的政策だけは、いますぐやめなくてはいけない。辺野古の工事はいますぐやめて、普天間基地は「本土」が引き取る。それが道理だと思います。

「応答する会」では、「基地引き取り」の定義について議論してきました。「どのようにして基地を引き取るか」を考える際、どうしても「引き取り」を定義しておく必要があったからです。これには、17年4月に沖縄で行われた県外移設についてのシンポジウムの提言が大きな助けになりました。私たちは、「基地引き取り」とは、この国の主権者が沖縄に依存せず、「基地問題」を主体的・自律的に解決することだと考えます。しかも、それが別の差別や植民地主義を生み出すことがないように。そのような「自治」の創出が私たちに可能でしょうか。私たちには、未来世代のためにも、それをやりとげる責任があります。

私たちの生き方が問われている

最後に、個人的なエピソードをひとつだけ。私は長い間、少なくとも自分は沖縄に基地を押しつけていないと思っていました。しかし、ダグラス・ラミスさんは、前述のシンポジウムで、そんな私の独善を打ち砕きました。辺野古の工事を止める対抗的な権力をつくってきた座り込みの「力」を私が称賛したとき、ラミスさんは、こう皮肉を言ったのです。

「座り込みには、そういう力があるかもしれません。でも、新潟で座り込みができなくて、残念ですねえ」

私は背骨が折られたように思い、椅子からずり落ちそうになりました。

私は、沖縄の人たちが基地反対運動をすることを当然視していたのです。反対運動の中心は沖縄であり、自分たちはそれに連帯し、それに協力するのだ、と。しかし、基地は「本土」のマジョリティが欲しているのだから、本来「本土」にあるべきであり、したがって反対運動も本当は「本土」で行われるべきなのです。私は、自分も基地を沖縄に押しつけていたと思いました。そして、反対運動をも沖縄に押しつけていると思いました。私はあろうことか、基地を沖縄に押しつけながら、基地反対を口にしていたのです。

基地引き取りの本質は、単なる基地移設ではありません。根本的には、琉球併合以来続いている植民地主義を自分たちの責任で終わらせ、沖縄の人たちとの関係を人間どうしの関係にしようとする行動です。私はもう沖縄の人たちの命や尊厳を犠牲にした暮らしは嫌です。問われているのは私たちの生き方です。

profile
ふくもと・けいすけ
沖縄に応答する会@新潟メンバー。新潟県立大学准教授（専門は英語圏文学・思想）。

●新潟活動余話●

私たち「応答する会」は2016年2月に研究者5名で結成後、市民も加わり、定期的にミーティングをもちながら手探りで活動してきました。ここに、その主な足取りを記しておきます。

まず4月に知念ウシさんをお招きし、設立シンポジウムを開催しました。まだ「引き取り」に対して腰が定まっていない時期でしたが、このシンポジウムで確実に私たちは一歩を踏み出し、自分たちこそ問題の当事者なのだと自覚します。5月には大阪で全国の引き取りグループが集合するイベントがあると知り、学生メンバー1名と共に参加。全国の仲間たちとの出会いを通して、モヤモヤした霧がだんだんと晴れていきました。

夏には、1950年代の新潟の米軍基地拡張反対運動の歴史を掘り起こし始めました。当時を知る方にインタヴューを行い、新潟でも県ぐるみの反対運動や県民大会があったこと、その限界と潜在力の両方を学びました。同時に、メンバーと議論しながら「設立趣意書」をまとめていき、10月には記者会見の場で「応答する会」の立場と目的を発表しました。新潟の地元紙だけでなく、沖縄タイムス、琉球新報もそれを報道しました。また、その記事を読んだ沖縄県の女性から後に琉球新報の「声」欄に投書が寄せられ、メンバー一同、自分たちの責任を改めて自覚しました。

その後は、映画上映会や「基地引き取り」の公開学習会などを開いていきます。参加者からは「皆さん方は、どこまで覚悟があるのか」と問い詰められたこともあります。また、チャンスがあればさまざまな市民集会の場で「基地引き取り」を提案しました。野次が飛んだり、微妙な空気になることもあったものの、「賛同します」と気持ちを伝えてくださる方も出てきます。

17年に入ると全国連絡会が発足し、全国知事アンケートの結果(55ページ参照)を東京で共同発表したり、全国一斉の街頭行動などネットワーク化した活動も始まります。地元の新潟では、議員たちへのアプローチや「基地公平負担法」(市民立法)の検討も始めました。18年には、基地引き取りのバナーを掲げて新潟駅前の大通りを闊歩するデモ行進も始めました。

「応答する会」はいま、改めて自分たちの「基地引き取り」の原点を確かめつつ、力強く足を踏み出そうとしています。地元に根を張りつつ、全国各地の皆さんと、しっかりつながっていきたいです。

(福本圭介)

■新潟メンバーの声■

差別をやめませんか

この会に参加して、普天間・辺野古の問題は沖縄の問題ではなく、「本土」に住む私たちの沖縄に対する植民地主義、差別の問題だと気付きました。人種差別、部落差別、障がい者差別などとこの問題の根は一緒です。

差別は暴力です。どうしたらこの差別をやめられるでしょうか。まずは、沖縄の声を聞くこと、沖縄を知ること、学ぶこと。そして、沖縄の人びとの痛みに心を寄せ、行動していく。行動が伴わなければ知っていても知らないのと同じだからです。人はみな、他者の思いを想像し、共感できる力を、他者のために行動できる力を持っています。

多くの人に本書を読んでいただき、疑問や意見などを含め、互いに想像力を働かせて、基地の問題を自分事として受けとめる土台がつくれたらよいと思います。さらに、できれば基地引き取りの活動に加わってくださるなら嬉しいです。

武力で人は守れません。目の前の「安心・安全」だけに振り回されずに、考えが違う相手とも違いを認め、対話を通して共に生きる道を見出していこうとする行為が未来を開くでしょう。

（高橋千洋）

新潟で引き取るということ

米国の映画監督ジョン・ジャンヴィトは、1899年に始まる米比戦争の歴史を加害者の立場から執拗に掘り返していきます。米国支配から100年ほど経った1991年、フィリピンの住民は巨大な空軍基地と海軍基地を追い出しましたが、歴史を学び続ける監督は米国がフィリピン政府を経済支援で揺さぶり、基地を蘇らせると予見していました。

そこで彼は、歴史をふまえて「生きる」ことを決意します。基地撤去後も続く深刻な健康被害を撮影し続けたのは、再基地化を阻む防波堤を築きたいという思いからです。私たちの引き取り運動も、沖縄の歴史を学び、加害責任を引き受けるという当然のことをしようと訴えています。

基地を押しつける政権を選んできた圧倒的多数が本土の人間です。特定の場所に基地を押しつけながら、公平や正義を語ることはできません。押しつけた責任に目をつむることは、抵抗する権利を自ら貶《おとし》めることにもなります。基地のない暮らしを享受しながら、危険な原発を押しつけていると東電や政府に文句を言えるのでしょうか。新潟の未来のためにも、沖縄を無視することはできないのです。

（小谷一明）

首都圏から

「自分の基地問題」として考えてみませんか

大野史裕（沖縄の基地を引き取る会・首都圏ネットワーク）

photo by 初沢亜利

米兵の暴行事件で初めて基地問題を意識

皆さんにとって、沖縄はどんな場所ですか？

沖縄に行ったことのない私にとって、沖縄は47都道府県の中で、「他と比べてちょっと個性的な県の一つ」という以上の存在感を持つものではありませんでした。中学校や高校の歴史の時間に、「琉球処分」や「沖縄戦」「米軍統治と『本土』復帰」などの知識は学びましたが、どれも遠い昔に起きた過去の出来事。現在を生きる自分には関係のないことだと思っていました。

私が大学に通っていた１９９５年、沖縄で米兵による暴行事件が起き、それを受けて大規模な県民大会が開かれ、その様子が新聞の一面に載りました。広場を埋め尽くし、抗議をする人びとの写真が、いまでも私の記憶に焼き付いています。私が人生の中で初めて、沖縄にある米軍基地の存在を意識した瞬間でした。

あれから20年以上が経ちましたが、沖縄のかかえる過重な基地負担は解消されることなく、基地があるが故の被害・犠牲もなくなることなく、日本全国の米軍専用施設の約70％が、国土面積のわずか０・６％にすぎない沖縄に集中し続けています。そして、いまこの瞬間も、県民の大多数の民意を無視した辺野古の新基地建設が進んでいます。

頭を離れなかった問い掛け

私は、沖縄に過重な基地負担が押しつけられている現状、暴力によって民意を押さえつけながら基地建設が強行されている現状に対して、ずっとおかしいと思ってきました。繰り返される米軍による事件・事故に対して憤りを感じ、「沖縄の基地問題」を何とかすべきだと思ってきました。そんなあるとき、沖縄のある方から、言われたのです。

「沖縄に米軍基地が集中しているのは、『本土』の人たちが沖縄に押しつけたから。基地は『本土』で引き取ってほしい」

唐突にそう言われた私は一瞬虚を突かれた後、心の中に不快感が湧き上がってくるのを感じました。

「『本土』が押しつけたって？　誰も押しつけちゃいないよ。そもそも自分が生まれる前から基地は沖縄にあったし」

「沖縄の基地負担軽減に協力してというならまだしも、引き取れとはどういうことだ」

しかし、このとき言われたこの言葉は、私の頭を離れることはありませんでした。そして、その後、沖縄についていろいろと勉強する中で、それまで自分が見ていた「沖縄の基地問題」とはまったく違うものが見えるようになってきました。

われわれ「本土」の日本人は、過去から現在に至るまで、さまざまな形で沖縄を利用してきたと思います。武力を背景に無理やり琉球王国を滅ぼし、日本の一県に組み込んだ「琉球処分」。沖縄を本土防衛のための「捨て石」にした沖縄戦。自らの主権回復と引き換えに沖縄を米軍統治に差し出し、高度成長を謳歌した戦後の歩み。そして、もともと「本土」にあった米軍基地の沖縄移転を含む、沖縄への集中。

「沖縄の米軍基地問題」とは、本当に沖縄の問題なのか。沖縄の意思とは無関係に、われわれ「本土」住民の意思で、沖縄に負担の集中を強いているのではないか。そうでないなら、なぜ、「本土」住民の圧倒的多数は、「日米安保条約賛成・米軍駐留やむなし、でも自分の住むまちに基地が来るのは反対」という姿勢を貫くことで、「沖縄県内への基地負担の集中」という結果を引き起こし、維持し続けているのか。

辺野古への基地建設を強行する政権を7年も存続させているのは、誰なのか。軍事的に沖縄に置く必要のない海兵隊の大部分を県外に置くことなく沖縄に押しつけているのは、誰なのか。

95年の事件で米軍基地の問題を意識して以降、何もしなかった私は、沖縄に基地を押しつけている張本人の一人ではないのか。日米安保を支持するなら、米軍の日本駐留を容認するなら、その負担は「本土」の人間も平等に負うべきではないのか。

日米安保に反対するなら、日本からすべての米軍の撤退を求めるなら、それが実現する日まで、「本土」の人間も基地の負担を平等に負うべきではないのか。沖縄が47都道府県のうちの一つなら、日本の一員なら、沖縄にだけ過重な基地負担を負わせて知らん顔をするのは差別ではないのか。

止められるのは「本土」の人間

このように考えたとき私は、自分が沖縄の人びとをどれだけ上から目線で見ていたかということにも気がつきました。沖縄の方に、「基地を引き取れ」と言われたときに感じた不快感は、「『沖縄の基地負担を分かち合ってください』と、頼んでくるならまだしも、引き取れとはどういうことだ」という思いがベースにあるものでした。沖縄で起こる基地の被害に気付きながら何もせず、沖縄に理解のある顔をしながら、「頼んでくるなら聞く耳を持つが、引き取れとは何事だ」と考えてきた自分は、沖縄に対する「立派な」差別者であり、基地の押しつけ者でした。

私は、沖縄に過重な基地負担が集中する現状は、「本土」の人間の意思がつくり出したものだと考えています。だとすれば、それを止めることができるのも、「本土」に住むわれわれに他なりません。

「基地引き取り活動」は、沖縄にある米軍基地を「本土」で引き取ることによって、「日米安保を支持するわれわれ」と「日米安保を支持しないわれわれ」が、当然果たすべき責任を果たし、負うべき負担を負おうとする活動です。そのようにして初めて、われわれは沖縄に対する差別を止めることができます。

「基地引き取り論」に対しては、賛成・反対、いろいろな立場があると思いますが、「沖縄の基地問題」ではなく、「自分の基地問題」として考えてみませんか。そして、自分なりの答えを出してみませんか。

profile
おおの・ふみひろ
1975年、東京都生まれ。会社員。日米安保は容認の立場だが、沖縄への基地の押しつけには反対の立場をとっている。

●首都圏活動余話●

２０１６年4月、高橋哲哉さんの呼びかけに、日本基督教団の飯島信牧師、カトリックの浜崎眞実司祭、私が応えたことがきっかけとなり、同年6月の13名による第1回学習会から、東京の基地引き取り運動はスタートしました。学習会では基地引き取りに対する反論を検討し、草の根の活動の一環として新聞に投書しました。

第2回学習会では知念ウシさんをお呼びし、沖縄や「本土」のさまざまな立場を演じるロールプレイを通して、「本土」と沖縄の圧倒的な権力の差を実感。その後、17年2月の第5回学習会で、「沖縄の基地を引き取る会・東京」を正式に結成します。やがて、東京以外の参加者も増え、「東京」から「首都圏ネットワーク」へ改称しました。この間に、「本土」という呼び方の是非や、引き取る対象に自衛隊基地も含まれるのかという問題も、議論の対象になりました。

会発足後は7回のシンポジウムを開催。回を重ねるごとに出席者が増え、マスコミに取り上げられたこともあり、「基地引き取り」論に対する潜在的な関心の高さを実感しています。

私たちの一番の目的は「基地引き取り」の賛同者を増やし、政治的な課題にすることです。「基地引き取り」の賛否にかかわらず関心を持ってもらえるようにリーフレットを作成して、シンポジウム出席者や友人・知人だけではなく、駅頭でも配布しています。なかなか受け取ってもらえませんが、沖縄出身の学生や、基地引き取りに関心を持つ人から声をかけられたり、街頭でティッシュやビラを配布している方からのアドバイスを受けたりと意外な出会いがあり、私たちの考えを広めるためには必要なことだと実感しました。

会には多様なメンバーが参加しています。沖縄に通っている人、沖縄に行ったことがない人、日米安保は破棄すべきだという人、日米安保を容認する人、基地は絶対に引き取るべきだという人、本当に基地引き取りが正しいのか迷っている人……。ただし、構造的な差別として押しつけた沖縄の過重な基地の負担は何としてでも解消しなければならないという思いは一致しています。また、国家の責任と同時に、自分自身の責任とは何かと考えさせられる点で、これまでの社会運動とはかなり違うと思います。

この運動によって国民的な議論が起こり、基地引き取りによって沖縄と「本土」が対等な関係になったとき、本当の平和への第一歩が始まるでしょう。

（佐々木史世）

■首都圏メンバーの声■

本当に憲法を大切にするなら

私は大学入学後の2010年ごろから、沖縄の米軍基地について問題意識を持つようになりました。浪人時代に予備校の先生から授業中に話を聞いたことが大きなきっかけです。このときから最近まで、「基地はどこにも要らない」というシュプレヒコールに共感し、口ずさんでいました。そんな「どこにも要らない」派だった私が「引き取り」を意識したのは、沖縄タイムスと琉球新報の連載(「沖縄の『岐路』」「道標求めて」)です。この2つの連載を通して歴史的視点を身に付けると同時に、鹿児島(薩摩)にルーツを持つ身としての加害性を認識したからです。

その1年後の15年の夏には、高橋哲哉先生の『沖縄の米軍基地――「県外移設」を考える』、NHK取材班の『基地はなぜ沖縄に集中しているのか』を読み、「引き取り」の考えを知りました。「本土」から沖縄に基地が移った事実、「本土」の反対で県外移設が頓挫してきたことも知りました。

とはいえ、この時点ではこれらの事実をまだおぼろげにしか認識できていません。15年10月に佐賀へのオスプレイ配備撤回のニュースを見て、合点しました。このとき、沖縄に押しつけ続けてきたのは「どこにも要らない」と叫んでいた自分自身であり、また「本土」の人間なのだと、はたと気付いたのです。

こうして、「引き取り」に気持ちが傾いていきましたが、「決意」までには至っていませんでした。年が明けて16年3月に、「島ぐるみバス」で辺野古に行きます。その車中での70代の女性との出会いが決定的でした。彼女が静かに語ってくださいました。

「自分の若いとき『本土』から基地が次々と移ってきて、悲しかったし悔しかった。持って帰ってほしい」

このとき「県外移設」について「生身の」感情に接し、決意しました。

さらに、16年6月の県民大会で、知り合った女性は、こう語られました。

「『他県に基地を持って行ってほしい』と県外の人に言ったらすぐに拒絶され、すごくむなしかった」

この話を聞き、このままでいいはずはないと感じ、「引き取り」の思いを強くしました。

憲法で保障されている「平和的生存権」「法の下の平等」の沖縄での実現のため、「引き取り」はきわめて重要だと思います。

(坂口ゆう紀)

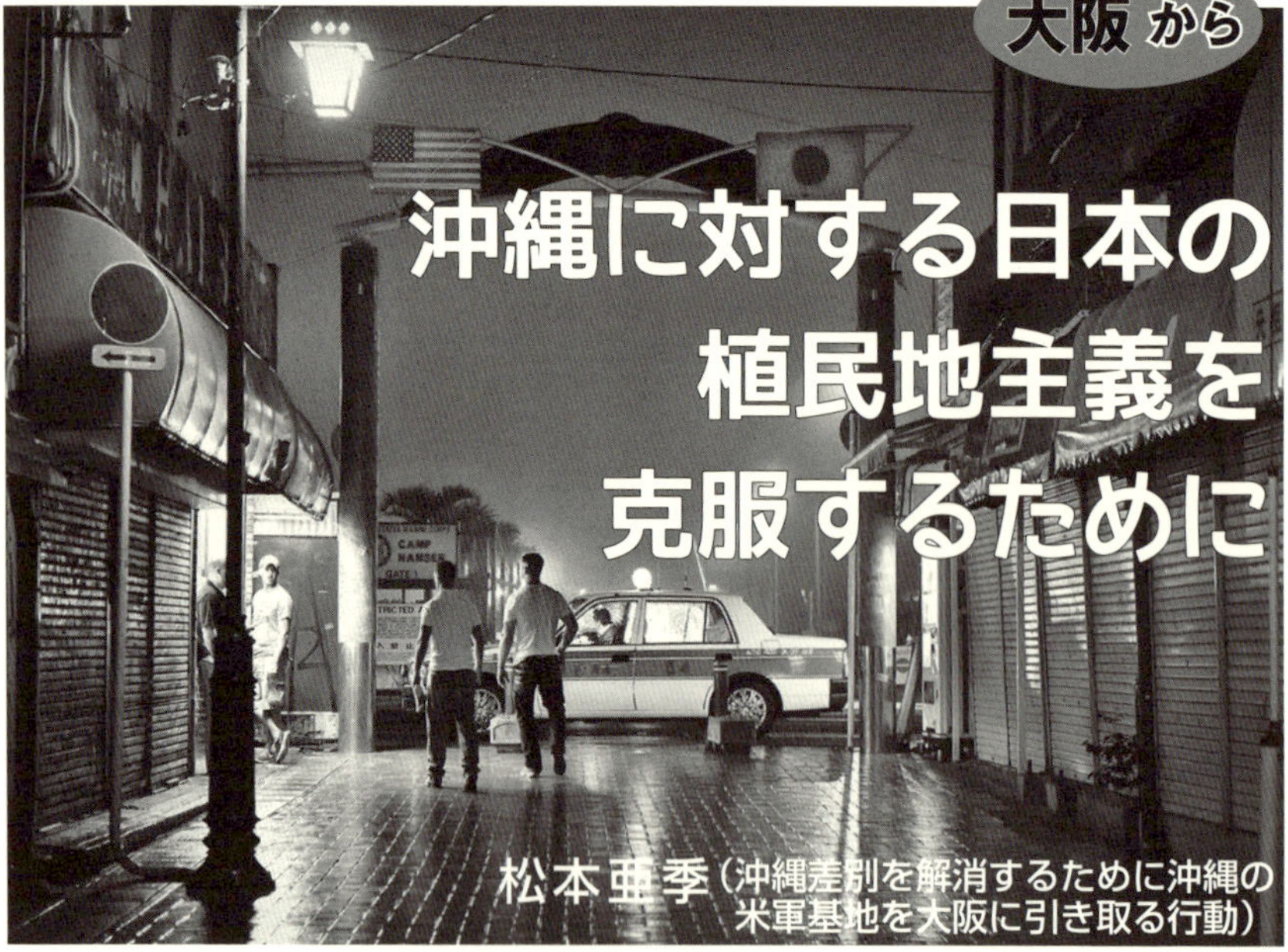

大阪から

沖縄に対する日本の植民地主義を克服するために

松本亜季（沖縄差別を解消するために沖縄の米軍基地を大阪に引き取る行動）

photo by 初沢亜利

沖縄との出会い

小学生のとき、家族旅行で初めて訪れた沖縄島。そのときの衝撃は、いまでも強く印象に残っています。空港に降り立ち、タクシーでホテルに向かう途中、窓を閉め切っていてもバリバリと身体に響く戦闘機の音。道路の両側に延々と続く米軍基地のフェンス。「象のオリ」と呼ばれる、見たこともない巨大な施設。タクシードライバーのおじいさんの腕に残っていた、弾が貫通した痕。

まぶしい太陽とワクワクした家族旅行の思い出の裏側に、とても重い何かを感じていました。平和資料館、ひめゆりの塔。この「重い何か」について、もっときちんと学ばなければならないのではないか。その思いは、沖縄の地を訪れるたびに積み重なっていきます。

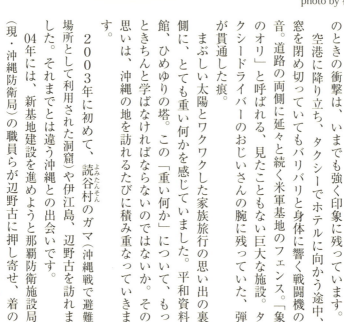

２００３年に初めて、読谷村《よみたんそん》のガマ（沖縄戦で避難場所として利用された洞窟）や伊江島、辺野古を訪れました。それまでとは違う沖縄との出会いです。

04年には、新基地建設を進めようと那覇防衛施設局（現・沖縄防衛局）の職員らが辺野古に押し寄せ、着の身着のままの住民たちの阻止行動・座り込みが始まっていました。大学4回生だった私は、1週間ほど座り込みに参加しようと辺野古へ。座り込みがどんなものであるか想像もつかず、緊張感もないままの訪問だったと思います。防衛施設局と対峙し、米軍基地を造らせない本気の行動は、生半可ではないとても緊張する場面であることを思い知りました。

阻止行動を支える人びとの思いは、どこからくるのか。日々の座り込みの中で、多くのことを学びました。沖縄戦が終わり、何もかも焼けた後、海の恵みがあったから生きてこられたこと。「本土」へ出稼ぎに行き、差別されたこと。朝鮮人は優しかったこと。ベトナム戦争時、戦闘機が爆弾を満載してベトナムへ飛び立っていくのを見て、自分たちは罪びとだなと思っていたこと。

話を聞きながら、自分は何も知らないままに、米軍基地を沖縄に押しつけているだけでなく、戦闘地となる危険性、加害者になることまで強要してきたということを知りました。そんな沖縄に、また新たな基地が造られようとしている。自分は圧倒的に優位なマジョリティの一人であるということも痛感しました。

沖縄からの「基地を持って帰ってほしい。引き取ってほしい」という声を初めて聞いたのも、この時期です。とても驚き、到底受け入れられないと思いました。沖縄の人に「これはある意味のショック療法で、あなたたちみたいに一緒に頑張ってくれている人に向けたものでないよ」と言われ、とてもほっとしたのを覚えています。

大阪で辺野古を止めるための行動を立ち上げる

1週間の座り込みの予定が2カ月になったころ、これから自分がやるべきことは何なのかと考えていました。工事を止めるために、一人でも多く現場に駆け付けることが求められています。それと同時に、人口比の99%を占める沖縄以外の人たちが、辺野古の問題をつくり出しているのは自分たちなのだと気付き、一緒に反対の声を上げるようにならなければ、辺野古の基地建設は止まらないと感じていました。

そこで04年8月、数人の知り合いと、「辺野古に基地を絶対つくらせない大阪行動」を立ち上げ、毎週土曜日に大阪駅前で街頭行動を始めました。それから約10年、沖縄の度重なる「NO!」の声とともに、「普天間基地移設問題」は「本土」でも少しずつ報道がなされ、多くの人が知るようになります。しかし、沖縄の声が正当に聞き入れられることはありません。

09年に当時の鳩山由紀夫首相が「最低でも県外」と

公言しましたが、「日米同盟の根幹が揺らぐ」と政権内部やマスコミから大変なバッシングを受け、頓挫します。日米の政府高官や軍事評論家が、「米軍基地は沖縄になくてもいい」と発言し、沖縄の基地集中の根拠が瓦解していく中にあっても、何事もなかったかのように、「普天間基地移設問題」は辺野古・沖縄に回帰し、強行されてきました。

「普天間基地移設問題」が社会に広く知られるようになっても、反対の声は高まるどころか、逆に沖縄に問題を封じ込めようとする力が強くなっていきます。私は立ち止まらざるを得ず、「何が問題の解決を阻んでいるのか」と思い、悩みました。

「基地を引き取れ」という声に改めて向き合う

私の目の前にあるのは、米軍基地を置く根拠となっている日米安保条約(体制)を8割以上の人が支持しているという現実と、それにもかかわらず、その負担をいろんな理由をつけて沖縄に押しつけてきたという現実です。

これは、現在の事象だけで捉えることはできません、沖縄と日本の歴史を紐解いたとき、違うルーツを持つ民族を併合した「琉球処分」以来、日本によってずっと続いてきた沖縄への抑圧の表れだと思います。それは、「抑圧」「差別」を超えて、「植民地主義政策」と言わざるを得ないものだと思っています。

「基地はどこにも要らない」というスローガンのもとでの行動は、沖縄への差別を覆い隠し、沖縄に基地が固定化されることにつながるのではないかと危惧しています。まずは、この差別の問題に向き合うことが必要ではないか。そう考えたとき、ずっと向き合うことを避けてきた「基地を持って帰ってほしい」。引き取ってほしい」という声に向き合わなければ、どうしようもないという思いに立たされました。

「引き取る行動・大阪」の立ち上げ

14年ごろから、基地を引き取ることについて、大阪で一緒にやってきたメンバーをはじめ、さまざまな人と議論を始めました。多くの指摘や反論を受ける中で、「ポジショナリティ」(46・61ページ参照)という問題を問い続けてこられた研究者たちからの助言も得て、「基地引き取り」の趣旨や目的、「平和運動」との関係について、考え続けてきました。

こうして15年3月に立ち上げたのが、「沖縄差別を解消するために沖縄の米軍基地を大阪に引き取る行動

（引き取る行動・大阪）」です。いまも必死の阻止行動が続いている辺野古の工事を止めるために、普天間基地を辺野古ではなく「本土」・大阪に引き取るために、行動を続けています。

沖縄からの「基地を持って帰ってほしい。引き取ってほしい」という声は、差別・抑圧をやめてほしいという声であり、「沖縄の米軍基地を引き取る」ということは、差別・抑圧を「やめます」という行動です。

それは、沖縄から基地をなくしていくための行動ですが、何より、抑圧者・差別者という「ポジショナリティ」を脱却するための、「本土」の日本人のための行動だと思っています。これまで多くの反対にあいながら、引き取りに賛同する人、沖縄に思いを寄せて心を痛めている人たちがたくさんいることも知りました。どうすれば現状が変えられるのか。辺野古移設を止めるためにも、この議論に多くの人が参加し、行動を進めてくださることを願ってやみません。

profile

まつもと・あき
大阪府在住。福祉施設スタッフ。２００４年に辺野古への基地移転に反対する座り込みに参加したことをきっかけに、大阪で辺野古移転を止めるための行動を立ち上げる。

「引き取る行動・大阪」のこれまでの活動

開催日	企　画	企画内容
2015年３月７日	「引き取る行動・大阪」立ち上げ	
2015年７月12日	シンポジウム 「辺野古で良いのかーもう一つの解決策ー」共催	高橋哲哉さん・照屋義実さん講演会 パネルディスカッション
2015年９月13日	第 41 回エイサー祭り「ところで沖縄広場」	「基地引き取り」についての展示
2015年11月７日	シンポジウム 「沖縄の米軍基地を大阪に⁉」	池田緑さん講演会 ディスカッション
2016年５月14日	シンポジウム 「県外移設から『県外移設』へ」共催	新潟・東京・大阪・長崎・福岡の「基地引き取り」を目指すメンバーからの発言 沖縄からの発言
2016年９月11日	第 42 回エイサー祭り「ところで沖縄広場」	「基地引き取り」についての展示
2016年11月20日	MINAMI DIVERSITY FESTIVAL	「基地引き取り」についての展示
2016年12月３日	シンポジウム 「沖縄の変わらない現実はありですか？なしですか？」	高橋哲哉さん、中原道子さん講演会 ディスカッション
2017年４月28日	4.28 全国緊急同時行動	難波駅前で街頭行動
2017年５月14日	シンポジウム 「基地引き取りで辺野古を止める」共催	安里長従さん講演会
2017年６月16日	東京での記者会見	「全国基地引き取り緊急連絡会」の発足と「全国知事アンケート」の結果報告
2017年９月11日	第 43 回エイサー祭り「ところで沖縄広場」	「基地引き取り」についての展示
2017年11月25日	シンポジウム 「普天間移設はどこに⁉ー自分事からの出発としてー」	木村草太さん講演会 ディスカッション
2018年１月28日	「沖縄と核」制作ディレクターが語る	今理織さん講演会
2018年４月28日	4.28 全国緊急同時行動	阪急三宮駅周辺で街頭行動
2018年８月９日	全国知事アンケート結果を受けての記者会見（東京）	

※随時、街頭行動（西九条駅、八尾駅、難波駅、豊中駅、大阪駅、天王寺駅、万博記念公園駅など）、ミーティングを開催。

■大阪メンバーの声■

基地を造らせてはいけない

私が所属する有機野菜の宅配の会の生産者から借りたロシナンテ社の『月刊むすぶ』2017年1月号の松本亜季さんの記事で、「引き取る行動・大阪」を知りました。

その後17年3月に旅行中に立ち寄った辺野古の基地建設反対のテントで、説明されました。第二次世界大戦後に造られた日本の米軍基地は減ったのに、沖縄の米軍基地は増え続けたこと。キャンプ・シュワブはもともと岐阜県と山梨県にあったが、反対運動で1956年に沖縄に移設されたこと。菅義偉《すがよしひで》官房長官の息子が大成建設に勤務し、基地建設を受注して大儲けしていること。いずれも、日本のマスコミは伝えていません。そして、沖縄の新聞を読み、基地を造らせてはいけないと思いました。

それから知念ウシさんや野村浩也さんらの本を読み、基地を沖縄に押しつけているのは自分たちだと分かりました。このまま押しつけて生きていたくないという思いで、関西沖縄文庫のホームページで知った安《あ》里長従《さとながつぐ》さんのお話会に出席し、引き取る行動・大阪に参加しています。

（小宮勇介）

日本に在日する朝鮮族である自分がなぜ引き取り運動に参加するのか

私は辺野古に基地を造らせない運動に参加して大阪市大正区に住む沖縄人と知り合い、彼らも日本に「在日」していると気付く。そして、沖縄に米軍基地が集中し、新しい基地まで造られようとしている現実は、平和運動の文脈で考えるだけでは不十分だと思った。

私は過去の日本による植民地支配の結果、朝鮮からこの国に渡ったハラボジやハルモニたちから数えて三世の在日だ。辛酸をなめた彼らの記憶は主に母から聞かされ、私の血肉となり得た。私自身が差別を受けた記憶もあり、日本人が植民地支配の中で培った朝鮮人に対する蔑視感情は肌感覚で知っている。

日本人の植民地主義的な目線に晒されてきた私は、沖縄に基地が集中する現実は明らかに植民地主義差別であると思う。私はその植民地主義を憎んでいるにもかかわらず、米軍基地のない大阪に住んでいるために、日本人が沖縄に基地を押しつけている構造の中で日本人と同じ利益を得ている。私はこれをどうしてもやめたい。植民地主義を終わらせるためにも、沖縄の米軍基地は私が暮らすこの場に引き取らねばならない。

（韓基大）

コラム1

引き取り運動バッシング

基地引き取り運動が誕生して以来、「右」からも「左」からもバッシングが止みません。なかでも「左」からが目立ちます。

フェイスブックでは引き取り運動に反対する専用ページが立ち上げられ、引き取り賛成派の意見を排除し、デマに基づくレッテル貼りが繰り返されています。ツイッターでは、一部の常連メンバーが基地引き取り運動批判を執拗に展開しており、私はツイッター上で、「40過ぎてスター気取り」の「人間のクズ」と名指しされたこともあります。

なぜ、引き取り運動はここまで嫌われるのでしょうか。平和への思い、差別をなくしたいという強い気持ちは、反戦平和運動も基地引き取り運動も同じなはず。それなのに、バッシングする理由は何なのでしょうか。

一歩引いて彼ら彼女らの気持ちを想像してみると、なぜ感情的に拒絶せざるを得ないのか、なんとなく分かる気がします。それは、引き取り運動の論理が彼ら彼女らの存在を脅かすと感じるからでしょう。

護憲派も改憲派も平和主義者も軍拡主義者も関係なく、あまねく日本人は沖縄に基地を押しつけてきた支配者であり、歴史的・政治的に基地負担をしないという利益を得ている——そう論じる県外移設=基地引き取りのロジックこそ、「左」の人たちの猛烈な拒否反応を呼び起こしてしまうのでしょう。つまり、「自分たちは支配者ではない。抑圧する側は常に国家であり権力なのだ」という主張です。

基地引き取り運動は、沖縄からの県外移設の求めに応えます。「私たちは米軍基地に反対するために生まれてきたわけではありません。反対するなら『本土』に持ち帰ってから反対してほしい」という切実な声は、沖縄との連帯を求めて在沖米軍基地の反対運動に向かう「本土」の左派たちにも向けられます。

私もそうですが、誰もが「善い人」でいたいのは当然です。「お前は悪いヤツだ」と言われて気持ちがいい人は少数派でしょう。しかし、自分たちも沖縄を搾取する特権的立場にいると認めることは、自己を否定することではありません。日米安全保障にフリーライド(タダ乗り)してきてしまった集団的・構造的な権力性を認めることからしか、沖縄と「本土」の対等な関係性は始まらないのではないでしょうか。

(里村和歌子・福岡)

福岡から

沖縄の人たちと出会い直すために

里村 和歌子（本土に沖縄の米軍基地を引き取る福岡の会(FIRBO)）

photo by 初沢亜利

基地引き取り運動と聞いて、驚かれる方は多いかもしれません。けれども、基地引き取り運動は「誘致」や「軍拡」などきな臭いものではなく、沖縄への差別をやめるため、沖縄の人たち、そして自分たちの尊厳を取り戻すための運動です。

なぜ、米軍基地偏在が沖縄差別なのか

「０・６％の国土面積の沖縄に70％の米軍専用施設」。沖縄の過重負担を表す表現です。これは、面積の不平等性はもちろん、端的に「本土」の人間による沖縄の人たちへの差別を表しています。それは、なぜでしょうか。

その理由を考えるために、私の個人的な経験を振り返りたいと思います。私は２００８年から1年間、沖縄県那覇市で暮らしました。青い海、陽気なおばあさん、世話焼きの住民たち……。多くの人に愛された連続テレビ小説『ちゅらさん』のようなイメージを抱きながら、半分旅行者、半分移住者のような中途半端な暮らしを送りました。

しかし、イメージと現実とのギャップにすぐに気付きます。近所の人と顔なじみになっても、商店で買い物をしても、沖縄の人たちから常に距離をとられてい

るという感覚がありました。陽気なおばあさんも世話焼きの住民もいない。私と沖縄の人びとの間には、透明だが確かに存在するフィルムが張りめぐらされているようで、私はいつも得体の知れない息苦しさを感じていました。

そんなある日、家庭訪問に来た息子の幼稚園の先生が「ナイチャーはこわいです」と吐露しました。そのときの私は、ナイチャー（内地人＝日本人）、ウチナーンチュ（沖縄人）の呼称の区別すら知りません。なぜ先生が、私を含む「本土」の保護者たちを「こわい」と言うのか、その理由をよく理解できませんでした。

そのうち、私にも幼稚園のママ友（そのほとんどが「本土」からの転勤族や沖縄人エリートの妻たち）ができました。彼女たちとの話題の多くが、沖縄と「本土」の文化的・社会的な差異についてのクレームでしたが、そんな会話を私はへらへらと曖昧に受け流していたのです。

そんな生活を1年過ごし、約束どおり「本土」に戻り、翌年、社会学を学び直すために自宅から一番近い大学院に入りました。そこにいた先生のひとりが野村浩也氏です。野村氏にポストコロニアリズム（経済、文化、政治に残存する植民地主義の影響をあばきだして克服するための理論）を学び、その過程で、私が沖縄で経験してきたことは植民地主義に基づく差別であるという厳しい指摘を受けます。頭をガツンと巨石で殴られたような激しい衝撃でした。

「あなたは差別者である」と聞いて、まず浮かんできたのは「私は差別者ではない」という反発心でした。なぜなら、私には沖縄の人たちを意識的に差別した記憶がないからです。だから、「沖縄にも女性差別がある」「『本土』にも弱者がいる」など、思いつくまま反論しました。他の差別や要因を持ち出せば、自分に貼り付いた差別者というレッテルをはがせると思ったのです。

しかし、沖縄に在日米軍専用施設の70％が存在するという事実によって、私が沖縄に対する差別者であることをどうしても覆せなかった。なぜなら、私は生まれたときから周囲にフェンスもなく、空からパラシュートが降ってくる危険も米兵にレイプされ殺されるという恐怖もなく、平和に暮らすという利益を得てきてしまったからです。

１６０９年の薩摩侵攻から始まり、琉球処分、凄惨な沖縄戦、米軍統治、復帰後から続く基地偏在と、歴史的・政治的に、私を含む「本土」の人間は沖縄の人たちが平和に生きる権利を奪い、自分たちの利益としてきました。それはまぎれもない事実です。

　自分は差別をしていないという言い訳が尽きたとき、意識しようがしまいが、自分は差別する側に属してきたことを認めざるを得ませんでした。かつて沖縄に住んだときに感じた沖縄の人たちの「よそよそしさ」は、那覇の市街で自転車を乗り回し、島ぞうりを履いた旅行者風情の「本土」側の私に向けた沈黙の抗議だったのだと、そのときやっと気付いたのでした。

当たり前の平和を求めて

　そして、時間はかかりましたが15年9月、福岡で基地引き取り運動を始めました。以後、仲間が増えていきます。全国レベルでも「辺野古を止める！　全国基地引き取り緊急連絡会」が立ち上がり、多くの人びとがこの運動に参加し、認知するようになりました。

　しかし、ここで強調しても、し足りないことがあります。それは、基地引き取り運動は決して生まれたばかりの新しい運動ではなく、沖縄の地で、そして「本土」に暮らす沖縄人たちによって何十年も積み重ねられてきた、「県外移設」という主張を礎とする運動だということです。対話と身を切るような議論を重ね、ときには精神をすり減らしながら、当たり前の平和を求めて紡ぎ出されたこの「県外移設」の主張を、私たち日本人は自分たちを守るために何十年も無視してきてしまった。引き取り運動にもしオリジナリティがあるとすれば、その声にやっと気付き反応した、その一点だと思っています。

　私の好きな「出会い直し」という言葉も、大阪市大正区で関西沖縄文庫を主宰する金《きん》城《じょう》馨《かおる》さんが紡ぎ出した言葉です。過去に積み重ねられてきた多くの不幸な出会いを乗り越え、対等な人間として新たに出会い直す――私はときどき想像するのです。沖縄の人たちと出会い直した後の光景を。

　そこは自由で平等で、まるで宙に浮かんだように、さまざまな圧力から解放されているのではないかと。もちろん、私の妄想にすぎません。でも、そんな世界をそこはかとなく見てみたいと願うのです。

profile

さとむら・わかこ
大学非常勤講師（社会学）。主婦を経て博士（比較社会文化）に。FーRBO代表。

●福岡活動余話●

沖縄の米軍基地を減らすためにはどうしたらいいのか考えています

はじめまして。私たちは2015年9月より「本土に沖縄の米軍基地を引き取る福岡の会(FIRBO《ふぁーぼ》: Fukuoka Initiative for Return of U. S. Military Bases in Okinawa)」を結成し、沖縄の米軍基地の過重負担解消のために行動をしている市民団体です。

国土のたった0・6%の小さな沖縄県に在日米軍専用施設の70%が広がるという不公平を「本土」の人間の責任としてやめるにはどうしたらいいか——主婦、公務員、書店員、エンジニア、教員など40名以上の市民が集まり、以下の共通認識のもとで行動しています。

「沖縄の米軍基地の負担を解消するためには、民主主義と地方自治の理念にのっとり、まずは『本土』に引き取ることが不可欠である」

具体的には、沖縄の米軍基地の偏在を他人事ではなく「自分事」として捉えていくために、講演会、映画上映会や写真展、ワークショップ形式の若者討論会、フリーペーパー『RETURN』の発行、街頭行動、政治家への働きかけなどを行っています。

現在、基地引き取り運動は、大阪、新潟、東京、長崎など、全国に広がっています。17年4月には合同で、「辺野古を止める!全国基地引き取り緊急連絡会」を発足させました。同年5月には全国知事アンケートを実施。その結果についての記者会見を東京の参議院議員会館で行い、全国知事会に申し入れを行うなど、世論形成と政治的アプローチの両輪で米軍基地の「本土」引き取りを目指しています。

いわゆる「沖縄問題」は、「本土」に住む私たちの問題です。この面前の不公平を解決していくためにも、ぜひ、皆さん一緒に考えていきましょう。ご連絡をお待ちしています。

(本土に沖縄の米軍基地を引き取る福岡の会)

FIRBOのロゴマークは「日本の0.6%の沖縄県に、在日米軍専用施設の70%以上が集中している状態」を図案化したものです。上が「本土」、下が沖縄県です。白色が国土面積(99.4%：0.6%)、黒色が米軍専用施設の割合(3割：7割)で、組み合わせると、沖縄県の爪先のような小さな土地に、巨大な黒い負荷がかかっている様子がよく分かります。

■福岡メンバーの声■

自分事として

私の米軍基地の記憶は、１９６８年のファントム機の九州大学構内への墜落事件です。通学電車の車窓から目の当たりにした光景は忘れられません。この事件で50年代から取り組まれていた板付《いたづけ》基地返還運動に火がつき、72年に板付基地の大半が返還されたのです。

それから半世紀が経過した２０１７年9月の高橋哲哉さんの講演会で知った事実は、衝撃でした。50年代には少なくとも全国33都道府県にあった米軍基地が、高度経済成長の中で次々と基地反対の声が上がり、本土の基地は4分の1に減る一方で、米軍占領下の沖縄は約2倍に広がったというのです。

私の記憶から米軍基地が消えていったように、本土各地からの移転の結果が、今日の沖縄への基地の過重負担となりました。その犠牲の上に日米安保体制は8割を超える国民から受け入れられており、不覚にも、私はその事実を知りませんでした。何より基地問題を自分事として考えることが大切です。沖縄の基地の現状、歴史的経緯など、正しい理解を広めることは、引き取り運動の大切な使命であると考えています。

（吉村慎一）

辺野古に座り込みに行く体力もお金もない私にできること＝世論喚起

沖縄の不公平な基地負担がずっと続いています。沖縄の人が私たちと同じようにオスプレイの恐怖のない生活を願うのは当然でしょう。この不平等を克服するためには、47都道府県で民主的に話し合う必要があります。

日本中で沖縄の痛みを負担すべきだという議論を、膠着した基地問題の突破口として考えたいです。真剣な論争の末、基地が必要だという結論が出ないことを切に願っています。そして、基地不要論が勝っても、米軍に代わる日本軍は要りません。

安倍さんの十八番「我が国の安全保障を巡る環境が一層厳しさを増し～」という状況には、軍隊では対応できません。テロとの戦いも、核を手にした北朝鮮とトランプの脅し合いも、武器によっては解決できません。

このことは世界中みんなが暗黙のうちに感じています。原爆投下を受け、憲法9条を持つ日本が進むべき道は、戦争放棄の旗を高く掲げ、全世界に軍縮を呼びかけることです。とはいえ、かくも遠い理想が実現するまで沖縄を踏んづけて知らんぷりするのは、卑怯だと思いませんか？

（花田靖枝）

長崎から

愛《いとお》しい暮らしを共有する視点

歌野杳(沖縄問題を考える上五島住民の会)

photo by 初沢亜利

2回の転機

沖縄の米軍基地というと、私には転機が2回ありました。1回目は2009年、鳩山首相が普天間基地を県外移設と約束したとき。米軍基地を通して沖縄を見て、日本ってまだこんなにひどかったのかと愕然としました。そこで初めて問題と向き合った自分にも。

当時住んでいたカナダの街は、移民の街だけに政治運動も多様です。集会で、各国で起きる暴力や人権侵害を知って憤慨していたけど、何のことはない。私の国も「立派」なものでした。その後日本で暮らし、家族の影響もあって、少しずつ基地や反対運動について学びました。2回目の転機は16年8月に高江(沖縄県東《ひがし》村《そん》)に行ったとき。この数日間で受けた衝撃は、肌がビリビリする感覚がいまでも思い出せるくらいです。

あとで考えると、沖縄はなんて遠かったんでしょう。基地問題を読んだり聞いたりしていても、私の沖縄との距離は、カナダにいたときとちっとも変わっていませんでした。「ここは日本じゃない」と、滞在中、何度も呟《つぶや》きました。

ひとつにはその文化。街並みも匂いも植生も異文化感を大放出していて、わくわくしました。どこでも食文化と言葉に血が騒ぐ私ですが、沖縄では騒ぎっぱなしで酸欠になりそう。泊めてくれた人が沖縄の家庭料理をたくさん食べさせてくれたのも、ありがたかった。ナーベラーとかナカミー汁とかソーキとか、すごく平和な響きの食べものたち。不思議な部分に抑揚がくる沖縄の言葉そのままの、柔らかい味がすると思いました。

もうひとつは、そんな土地が強いられてきた暮らし。これだけ異なる文化を持ちながら日本に吸い込まれ、戦争に引きずられてしまった島々。あげくの地上戦と、その生々しい記憶。延々と続く嘉手納《かでな》の飛行場に降りてくる米軍機は手を伸ばせば触れそうだったし、高江の森と辺野古の海に響く声は、これが必要な不条理に泣けてきました。ここでは戦争はちっとも終わっていない。この中で暮らすとはどういうことか、私は知りません。

「ここは日本ではない。ここも日本で、私が住んでいるところも日本なら、日本とは何か」

頭の中をぐるぐる回る疑問とともに、後ろ髪を引かれるように沖縄を後にしました。

09年のあのときは、知ることの大切さを知りました。ひたすら格好悪かった鳩山さんには感謝しています。16年の夏は、実際に現地に足を運ぶことの大切さを知りました。本当に行ってよかった。もっとたくさんの人に行ってほしいと、単純に思います。

負担も権利も同等であるべき

引き取り運動については、揺れました。

最初は両手《もろて》を挙げて賛成。何せ役に立たない罪悪感だけは無限に出てくる私ですから、ごく自然に入ってきました。「少なくとも沖縄の現状を打開するには、『本土』に引き取ることが糸口となる」という論理にも説得力があると思いました。

そして、基地反対派内部からの抵抗が強いと聞いて、なぜ？と首を傾《かし》げました。傾げたままよく考えて、当たり前のことに、どきっとしました。「引き取るということは、どこかに新しい基地ができる」。沖縄で、また全国各地で、何十年と続いてきた基地反対の声を思うと、それはたまらんやろうと胸が痛くなりました。

それでも、「私はここに引き取る覚悟で沖縄の負担を減らしたい」と言いたいと思いました。ただし、私にはその「ここ」となる場所がないのです。故郷もひとつにしぼれず、これから一生住む土地も決まっているわけではない。

たとえば、いま住んでいる小値賀島《おじかじま》の人たちにとって、島は先祖が代々暮らしてきた故郷です。基地を引き取るとなると、大きな抵抗があるでしょう。だからこそ、手を挙げることは相当な覚悟が必要です。どこにも深い根っこのない私が「引き取ります」と言っても、重みがない。自己犠牲が必要なわけではありませんが、無責任で説得力もないと思っていました。

それでも、とさらに考えます。「本土」（島ですが）に暮らす人間として、沖縄に寄り添うとはどういうことなのか。「私たちは基地は要らない」、ひいては「私たちは戦争をしてはいけない」というときの「私たち」が一体であるためには、負担も権利も同等であるべきではないか。

基地の数が多かった「本土」では、基地が沖縄に集約されるにつれて、盛んだった反基地運動も下火になりました。「本土」民は沖縄に負担を強いる加害者となり、私たちの世代になると、そんなことも知らずに育っています。目の前から問題が消えると、考える能力も退化するものです。当事者であったときに立ち返って「本土」での意識を高めることは、失われた「考える」能力を引き戻す機会でもあるかもしれません。

甘いかもしれません。未熟な意見でもあるでしょう。自分がどう動くかという点ではまだまだ揺れ続けるでしょうし、だからこそ、もっといろんな立ち位置にいる人と話がしたいと思います。

土地に根ざした暮らしはどこでも愛しい

私は小値賀島という小さな島で、強くて優しい年寄りたちに暮らし方を教わっています。自分が食べるものや使うものは、可能なかぎり自分で作るようにしています。猫の額ほどの畑でも、野菜を育てていると天候に一喜一憂。大雨や日照りや台風に泣き、だからこそ初物が無事に採れたと喜ぶ暮らしは、自然に対して謙虚になります。同時に、住んでいる土地を守りたいと思うし、どこか遠くの知らない土地でも同じように暮らす人たちがいるのだと、彼らも自分の土地を守りたいのだと、想像できるようにもなります。土に近い暮らしのいいところです。

そんな特典がある暮らしをお勧めすること、その暮らしが停止してしまっている沖縄の人に気持ちを向けること、行けるときは行くこと、それから「私たち」が平等であることを目指して基地の引き取りに賛同すること、すべてがつながっています。心を熱くする故郷はなくても、土地に根ざした暮らしはどこであっても心底愛しいと思います。そこが共通しているかぎり、視点の違う人とも話ができるのだと信じています。

profile

うたの・よう
外国放浪生活の後、長崎県小値賀島で自給・フリーター生活に。沖縄問題を考える上五島住民の会。

●長崎活動余話●

辺野古土砂搬出問題とは、辺野古を埋め立てるための土砂を西日本7カ所(沖縄2カ所を除く)の採石場から搬出する計画です。うち1カ所が五島列島(下五島)であることが判明し、一部有志による反対運動がなされています。私も関わっていますが、同じ目標ながら、引き取り運動と土砂搬出反対運動のベクトルの違いを痛感してきました。

土砂搬出問題は、工事主体である沖縄防衛局、日本政府、そして採石業者と真正面から向き合う〝純反対運動〟です。一方、引き取りは言ってみれば「敵」はいません。というより、政府・沖縄防衛局とひょっとしたら協力関係に入る可能性だってあり得ます。それだけに利用され、取り込まれる危険性があるわけです。

でも、巨大な権力を持つ政府と向き合うのは徒労感が付きまとうもの。引き取りは一部のオールドレフトを除いて、素直に共感を呼ぶ素地があると実感しています。

国境離島新法という法律をご存知でしょうか。2017年の通常国会で成立した法律です。マスコミはほぼ無視しましたが、地元選出の自民党議員が強力に後押しした五島列島では、一種のフィーバー現象が生じました。もっとも、役場や法律で潤いそうな土建業者が義理で旗振りをやった側面が大きかったのですが。

法律の一般向け説明は、いわば「新離島振興法」。確かに本土と結ぶ航路運賃への補助とか、雇用促進のための事業費助成とかの〝アメ〟の条項が並ぶ一方、国の機関を設置するための土地の買い取りを行うなどと謳います。露骨に言えば、たとえば自衛隊基地を地元の意向にかかわらず設置できると読めます。その意図が見えるだけに、ことが起きれば真っ先に標的になるような施設は御免と、私たちは反対の立場を取ってきました。

16年1月末、福岡の引き取り運動メンバーを招き、上五島住民の会と交流討論会を開催。その中で、国境離島新法反対と引き取り運動をどう調整するかの議論に。まさに悩ましいアポリア(難問)です。一方で戦争に加担しかねない自衛隊駐留に反対し、他方で米軍を引き取るのか。五島にではなく長崎県全体で引き取りを考えればいいのですが、引き取ると発した以上、五島も例外にできないことは事実です。簡単に結論が出るはずもなく、沖縄の置かれた位置を再確認し、引き取るという選択肢があることを了解しあうのが精いっぱいでした。いまもその議論を継続中です。

(歌野敬)

■長崎メンバーの声■

ヤマトの義務

江戸期のキリシタンにとって〝パライソ〟(天国・楽園)だった五島列島。佐世保まで高速船で90分の上五島から、沖縄の米軍基地を引き取る声を上げるのは、常識的には無謀と言うしかありません。「本土」有数の米軍基地たる佐世保。海兵隊艦船の係留港でありながら、艦船運用時には沖縄にいる艦隊員を迎えに行くという非効率的な態勢を組んでいるのですから、引き取り論は海兵隊にとっては渡りに船の提案かもしれません。また、被曝地として絶対平和を求め続けてきた長崎の県民感情から考えれば、佐世保の基地拡張への抵抗は想像するに余りあります。それでも、引き取ると言えるのか。

しかし、沖縄が強いられている負担、辺野古をめぐる県民の憤怒の爆発(当然の反応です)を前にしては、そんな言い訳は成立しません。佐世保が担っている負担とは比肩できないからです。ただし、肝心な点は、佐世保に引き取るかどうかという前に、「本土」と沖縄の構造的差別の解消を訴えていくことです。

ヤマトの義務としての引き取り。そのプロセスで、仮に佐世保が有力候補地として俎上に上ったとき、私たちは安保問題を含むこの国の安全保障を自分の問題として考える機会を持つのだと思います。

2015年夏、辺野古のキャンプ・シュワブ前に座り込んでいたとき、基地建設反対の私の立ち位置は「基地はどこにも要らない」というものでした。その私が引き取りに転じたのは、親川《おやかわ》志《し》奈《な》子《こ》さんのある月刊誌のエッセイに触れたからです。

そこで指摘されていた論点に、まさに脳天を殴られた思いでした。基地はどこにも要らないという論理は、沖縄の基地の固定化しか意味しない。現段階ではほぼ不可能と言える安保解消のときまで、沖縄は基地を引き受けなければならないのか、という悲鳴に似た告発だったからです。そして、大阪で始まった引き取り運動のことに触れていました。

その夜、私は家族に引き取り運動を始めることを宣言。以降、衝かれたように闇雲に周囲の説得に当たりました。結果、めぼしい果実を得たわけではないものの、さまざまな人たちとの対話を通じて、この運動が持つ不思議な力を確信するようになりました。従来の市民運動の枠組みを超えて、幅広い市民を巻き込めるということを。思えば親川さんのワンフレーズが、私のこの2年間の動きを規定してきたのだと痛感します。

(歌野敬)

BOOK

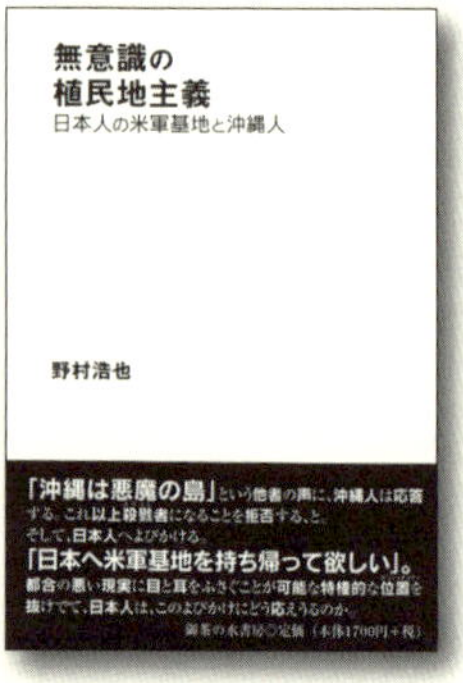

『無意識の植民地主義——日本人の米軍基地と沖縄人』
野村浩也、御茶の水書房、2005年（19年6月に松籟社より再刊予定）。

1990年代半ばから着実に培われた「（沖縄からの）県外移設要求に、初めて本格的な思想表現を与えた」（高橋哲哉氏）1冊。ときに古本サイトで1万円を超えるなど絶版でかなり入手しにくいのですが、ページを繰る手が何度も止まってしまうほど、「本土」に生きる日本人にとっては重く苦しい内容となっています。その理由を知るためにも、ぜひ手に取っていただきたい必読の書。

著者の野村浩也氏自らが言うように、本書は「日本人という植民者についての植民地主義研究」。沖縄人である著者の視点から、共犯化、権力的沈黙、愚鈍への逃避、沖縄病患者＝沖縄ストーカー、観光テロリズムなどの概念を次々に繰り出しながら、沖縄に寄りかかりつつ平和と安全を都合よく享受する「醜い日本人」像を執拗に、論理的にあぶり出していきます。

そこでキーとなるのが、ポジショナリティ（政治的権力的位置）という概念です。ポジショナリティは抑圧者および権力であるという現実であり、抑圧者が日々繰り返している行為。沖縄と日本との関係で言えば、沖縄人に米軍基地を押しつけ、基地の平等な負担から逃れる特権を持つという圧倒的な非対称の現実であり、この特権を手放そうと試みることこそが日本人が植民地主義をやめるための不可欠の第一歩だと著者は説明します。

「日本人が植民者と呼ばれたくなければ、沖縄人への搾取をやめることによって、植民者たる自身の現実を変革しなければならない。そのためには、沖縄から日本に基地を持ち帰らなければならない。（中略）日本人が植民地主義をやめることによって、自分自身を植民者のポジショナリティから解放すること。それは同時に、沖縄人を被植民者の位置から解放することにつながる行為なのだ」（46ページ）

野村氏が強調するように、日本人の植民地主義からの解放は、沖縄人の被植民地の位置からの解放です。つまり、在日米軍基地をめぐり圧倒的に非対称な関係にある日本人と沖縄人にとって、問題を解消する責任は、被植民者の沖縄人の側ではなく、植民者である日本人の側にある——。基地引き取り運動は、このような視点から生まれた脱植民地運動なのです。

（里村和歌子・福岡）

Chapter 3

キーワードから読み解く基地引き取り論

Lead

なぜ、沖縄から「基地を引き取って」という声が上がるのか。その背景を知るためには、沖縄がたどった過去を振り返る必要があります。教科書では教えてくれなかった、沖縄から見える歴史、現在、そして未来について、「本土」との関係性を軸に考えてみましょう。

「琉球処分」を振り返る

「琉球処分」とは、琉球が日本に組み込まれていく政治的過程を指すものです。処分という言葉は、懲戒処分や退学処分のように、悪いことをした人への罰という意味合いを持ちます。「琉球処分」は、明治政府によるオフィシャルな言葉として用いられました。日本の対琉球認識がいかに支配的で一方的だったのかが、よく現れた言葉だと言えるでしょう。最近では、より中立的な言葉として「琉球併合」という言葉を使おうという提案もあります。

琉球は1854(安政元)年に琉米条約を結ぶなど、国際的には主権を持った独立国家と見られていました。そうした中で、武力を背景にしてなされた「琉球処分」は、国際法違反だったのではないかとも指摘されています。

明治天皇は1872(明治5)年、琉球国王との間に君臣関係を強制的に結びました。これは「冊封《さっぽう》」という儀式で、中華世界秩序を模して琉球を支配下に組み込んだのです。琉球国王は「琉球藩王」となり、華族となりました。他の廃藩置県では確認できない、異常な現象です。

その後、着目しなければならないトピックに「分島問題」があります。1880(明治13)年、日本が清国《しんこく》で内地通商権を獲得するためのバーターとして、宮古・八重山を清国に譲渡するプランが持ち上がりました。これは明治政府による閣議決定までされましたが、琉球の官僚が清国に渡り、分島の断念を求めて決死の交渉をした結果、立ち消えになりました。

「琉球処分」をめぐっては、日本の知識人たちにもさまざまな受けとめ方があります。民権派の末広鉄《すえひろてっ》腸《ちょう》が「琉奴、撃つべし」と対琉強硬論を唱えた一方で、同じく民権派の植木《うえき》枝盛《えもり》は「琉球の独立せしむ可きを論ず」として政府の政策に異を唱えました。

話を現代に移すと、普天間基地の「県内移設」決定は、「第五の琉球処分」と呼ばれることがあります。日本による対沖縄政策が乱暴を極めるとき、沖縄では、かつての「琉球処分」と重ね合わせて理解されるのです。「琉球処分」に見られる日本による植民地主義は、いまも続いていると言えるでしょう。

過去を参照しながら現代の植民地主義と対峙し、未来に対して責任を果たしていくことが、私たちには求められています。

（幸地清・首都圏）

いわゆる学術人類館事件とは何か

１９０３（明治36）年４月７日、琉球新報は「今回の博覧會に就き吾々《われわれ》沖縄人が實《じつ》に憤慨に堪へざる一事これあり候　即ち人類館に沖縄の婦人を陳列したること是なり」と抗議の社説を掲載しました。ここでいう「博覧會」とは、同年３月１日から７月31日まで大阪市で行われた第５回内国勧業博覧会です。

その中に設置された「人類館」とは、アイヌや台湾のほか、アジアやアフリカから集められた人びとが民族衣装を着て生活を営むさまを来場者に見せるものです。そこで「陳列」された中に「沖縄の婦人」が含まれていたことに、琉球新報は抗議しました。

明治以降、「文明開化」した日本は、アイヌモシリや琉球国を支配下に置いていきます。さらに日清戦争後の１８９５（明治28）年には、台湾を清国から割譲しました。「文明開化」から約30年を経て「文明化」した日本の学問（人類学）の成果と役割を「未開」と対比させることで示そうとしたのが、人類館です。

その発起人である西田正俊館長は博覧会委員であり、展示内容に深く関わった坪井正五郎博士は東京帝国大学人類学教授でした。建物面積は約３００坪、入場者数は少ない日で１０００人近く、多い日は３０００人を超え、展示は博覧会終了まで続きました。

展示予定に含まれていた中国人は会期前から抗議（事件化）した結果はずされ、朝鮮人はしばらく展示された後に、はずされました。沖縄からも抗議の声が上がったことは先に見たとおりです。５月19日に「人類館陳列婦人」が帰県し、沖縄人が「展示された人類館事件」はひとまず終わりました。

しかし、続きがあります。沖縄人がいなくなった人類館を今度は沖縄人が見る側に移動することで、「沖縄人の人類館事件」は新たに始まったのです。

人類館は、①展示する側（見せる）、②展示される側（見られる）、③展示を見る側（見る）の３つの関係で成り立っていますが、②において一部事件化したにすぎません。１９０３年は日露戦争の前年で、植民地の拡大を目指す日本人は、①③の当事者であるにもかかわらず、人類館を自らの問題として事件化することはありませんでした。そのことが事件であり、ここに学術人類館事件の本質が眠っているのです。２０１６年10月18日に起きた大阪府警機動隊の沖縄北部・高江での「土人発言」は、この延長にあると捉えるべきでしょう。

（金城馨・関西沖縄文庫）

「植民地争奪戦」としての沖縄戦

ここでは沖縄戦の経過を追うことはせず、近現代に日米が繰り広げてきた「植民地争奪戦」の延長線としての沖縄戦に焦点を当てます。

1853(嘉永6)年にペリー艦隊が来日し、翌年日米和親条約を締結しましたが、同時並行で琉球にも訪れて琉米条約を結びました。日米交渉が失敗した場合、ペリーは琉球を占領する計画だったのです。結果的に占領はされず、琉球は1872〜79(明治5〜12)年の「琉球処分」により、日本に併合されました。

以後、日本は日清戦争から第一次世界大戦にかけて、台湾からドイツ領ミクロネシアへ勢力を拡大。米国も1898(明治31)年にフィリピンとグアムを支配下に収め、ハワイ王国を併合します。

1941(昭和16)年の日米開戦以降、日本はグアムとフィリピンを占領し、南太平洋にまで勢力を広げたものの、米軍の反攻により44年にマリアナ諸島が相次いで陥落。翌年の硫黄島での戦いを経て、沖縄戦に至ります。沖縄戦は「国内唯一の地上戦」と見られることが多いですが、実際はフィリピンやグアムと同様に植民地の奪い合いの最終局面として、現地住民を巻き込んで行われた激しい地上戦でした。そして、「宗主国」の軍隊は「植民地」である沖縄住民を守りませんでした。

現に「沖縄語を以て談話したる者は間諜《かんちょう》(スパイ・筆者注)とみなし処分す」という軍令が出され、「沖縄人はみんなスパイだから、ここ(壕・筆者注)に入れることはできない」と公言する将兵もいたのです(西原町史編纂委員会編『西原町史〈第2巻〉資料編』1984年)。日本軍が沖縄を植民地同様にみなしていた面があったことは、否定できません。

戦後、米国はフィリピン、ミクロネシア諸島、グアムを軍事基地や核実験場として利用します。沖縄もサンフランシスコ講和条約により米国に軍事統治され、グアム同様に日本軍が建設した飛行場の拡張や新規建設が強行されました。こうした経緯からも、「国内」というよりは、太平洋海域の他の植民地との共通性がみられます。

戦後、脱植民地主義が国際的課題となりました。しかし、日本人が沖縄に米軍基地を集中させ続けるということは、沖縄を「植民地」とみなしていた旧日本軍人と、同じまなざしを持ち続けるということです。

(細井実人・福岡)

なぜ沖縄に米軍基地が集中したのか

それは、「本土」から沖縄に基地が「県外移設」された結果です。その背景には、日本人の沖縄人に対する「差別」があります。日本人が、沖縄人に基地を押しつけてきたのです。1950年代、少なくとも全国33都道府県に米軍基地がありました(図1参照)。当時は「本土」に9割の米軍基地があり、沖縄は1割でした。沖縄の面積は国土の0・6%にすぎないから、それでも多い数字ではあったのですが……。

沖縄の米軍基地建設の起源は、沖縄戦にあります。沖縄には、45年に米軍が上陸。「鉄の暴風」と言われたほどのすさまじい地上戦が行われました。戦後、沖縄を支配した米軍は土地を強制的に接収。家や田畑をつぶして、新たな基地を造っていきました。

「本土」では、52年4月28日にサンフランシスコ講和条約が発効し、占領状態からの「独立」を果たしました。56年には経済白書に「もはや戦後ではない」と謳われ、高度経済成長が始まります。一方、群馬県の主婦が米兵に射殺された「ジラード事件」(57年)などをきっかけに、反基地運動が激化。「本土」では米軍基地の整理縮小が進み、沖縄への海兵隊移転が進みました。米軍は、日本人の沖縄に対する差別感情に目をつけ、こうした施策を進めたのです。

沖縄戦の前年に、米軍は「琉球列島の沖縄人——日本の少数民族」と題するリポートをまとめました。独立国だった琉球を日本が併合したことや、日本人が沖縄人を同等とみなしていないことに触れ、両者間の亀裂を利用して戦争を有利に進めることを提案しています。リポートは米海軍省作戦本部が作成した「民事ハンドブック」にも引用され、戦後の沖縄統治の基礎資料となりました。

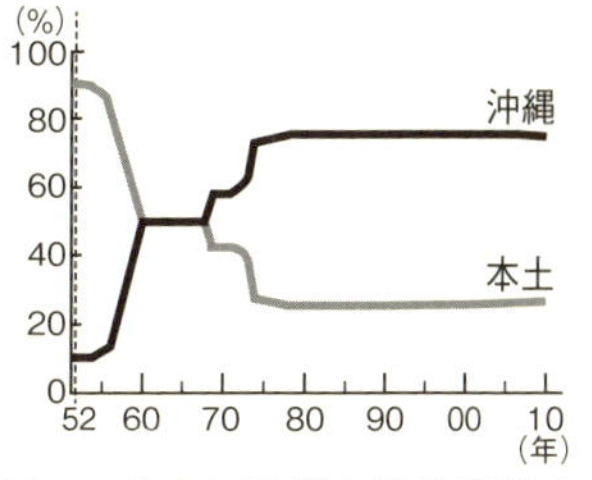

図1　本土と沖縄の基地面積の割合
(出典)木村司『知る沖縄』朝日新聞出版、2015年。

「本土」の反基地運動は、琉球併合の経緯や日本人による沖縄差別の問題をスルーしたままで、「基地はどこにも要らない」というスローガンを繰り返してきました。近年、「本土」から沖縄へ基地移転が進んだ経緯が明らかになったこともあり、沖縄では「引き取り運動」を歓迎する声も根強いです。引き取り運動を批判する人たちは、沖縄人のそうした声に真摯に耳を傾けるべきでしょう。

(大山夏子・沖縄を語る会)

捨て石とされた沖縄――サンフランシスコ講和条約

サンフランシスコ講和条約の正式名称は「日本国との平和条約(Treaty of Peace with Japan)」。日本と48カ国との間に結ばれた、第二次世界大戦終結のための平和条約です。1951年9月8日に米国のサンフランシスコで調印され、翌年4月28日に発効しました。日本の全権代表は吉田茂首相です。

ただし、この条約締結のためのサンフランシスコ講和会議出席国のうち、ソ連、ポーランド、チェコスロヴァキアの3国は調印を拒否しました。戦争中だった北朝鮮と韓国は会議に招かれず、中国も中華民国と中華人民共和国のいずれを代表とするかで米国と英国の間で意見がまとまらず、招かれていません。インド、ビルマ、ユーゴスラヴィアは欠席です。このように「全面講和」ではなかったために、その是非をめぐって当時の日本国内では激しい議論が起こりました。

沖縄の基地問題との関連でとくに重要なのは、以下の二点です。

第一に、沖縄と小笠原諸島は第3条により、この後も米国の支配下に残ったことです。当初は奄美群島の占領も続く予定でしたが、53年12月25日に返還されました(第3条の意味について詳しくは、古関彰一・豊下楢彦『沖縄　憲法なき戦後――講和条約三条と日本の安全保障』みすず書房、2018年、参照)。このため、日本にとって「主権回復の日」である4月28日は、沖縄では「屈辱の日」とも呼ばれています。日本への復帰は小笠原諸島が68年、沖縄は72年で、この間に沖縄への米軍基地集中が進みました。

第二に、平和条約締結後も日本への米軍の駐留を可能とするために、日米安全保障条約が同時に締結されたことです。このときの安保条約では、駐留軍は日本防衛の義務を負っていないものの、日本の内乱鎮圧のために出動することができました。条約の期限も定められておらず、米軍の施設や地位に関しては、日米行政協定で定められました。

60年に新しい日米安全保障条約が結ばれ、双務的な性格が強められるとともに、日米行政協定に代わり日米地位協定が発効しました。新条約の期限は10年とされましたが、70年安保闘争を除くと大きな議論もなく、現在まで継続されています。さらに、「平成」の30年間に自衛隊と米軍の一体化が進み、日本の防衛のあり方は大きく変化していきました。

(左近幸村・新潟)

捨て石にはさせない——島ぐるみ闘争

島ぐるみ闘争は１９５６年に起こった琉球列島米国民政府に対する沖縄の土地問題をめぐる全県的な闘争で、現在のオール沖縄による島ぐるみ運動の原点です。『ドキュメント沖縄闘争』(新崎盛暉編、亜紀書房、１９６９年)に詳しく描かれていますが、50年の朝鮮戦争勃発を機に、米軍が沖縄の軍事要塞化を加速させ、次々と軍用地を接収していったことが闘争の直接的な火種となりました。文字どおり「銃剣とブルドーザー」で伊佐浜(現・宜野湾市)や伊江島の住民は生活の場を追われ、土地を奪われていきます。

米軍による弾圧体制下の接収に対し、一縷の望みをかけた土地闘争の「四原則」が54年に琉球政府の立法機関である立法院で可決されました。四原則とは、米国による永続的な占領や新たな軍用地の接収を拒否し、土地を奪われた者への補償や賠償を求める請願です。

しかし、56年6月には、制約なき基地の運用とその長期保有を一方的に告げる「プライス勧告」により、この原則も踏みにじられました(新崎盛暉『日本にとって沖縄とは何か』岩波新書、２０１６年)。阿波根《あはごん》 昌鴻《しょうこう》が描き出したように(『米軍と農民——沖縄県伊江島』岩波新書、１９７３年)、身ぐるみはがされた者たちが命がけで始めた土地闘争が、この勧告を契機に四原則貫徹を訴える島ぐるみ運動をつくり出したのです。

２０１６年5月6日の沖縄タイムスでは、立ち退きを受け入れる男性への不満から女性が「主体的に」動いたという研究が紹介されました(沖縄タイムス+プラスニュース http://www.okinawatimes.co.jp/articles/-/29819)。島ぐるみ運動において女性が主導的な立場にあったという歴史は、普天間基地の引き取り運動がつくり出されていった経緯と類似しています。

同じころ、新潟県でも「県ぐるみ」という言葉が誕生していました。54年11月に示された米軍飛行場の拡張計画は、広大な接収予定地から軍事目的の拡張であることが明らかになっていきます。米軍と戦火への恐怖が全県に伝播し、保守系だった北村一男知事が全国初の公告縦覧拒否に踏み切ることで、「県ぐるみ」という言葉が誕生しました。

その後の新潟県とは対照的に、沖縄では「オール沖縄」という島ぐるみの活動がいまも続いています。この終わりなき島ぐるみ運動こそ、沖縄差別の産物です。

(小谷一明・新潟)

沖縄の「日本復帰」

1972年5月15日午前0時、沖縄の施政権が日本に返還されました。島々にはサイレンと汽笛が鳴り響いたそうです。

それから50年近く経った現在、「本土」では沖縄を単に「日本の一県」と認識している人が多いようです。しかし沖縄では、「復帰」とは何だったのかがいまも問われ続けています。独立国だった琉球が日本に併合されて「ヤマト世」になり、戦後の「アメリカ世」を経て、再び「ヤマト世」になるまでの歩みが、語り継がれているのです。この言論空間の違いが、そのままヤマトと沖縄の関係性を示しています。

「ヤマト世」の始まりは、1872〜79(明治5〜12)年の琉球国解体と沖縄県設置です。明治政府は琉球人に日本語を学習させ、琉球の服装や風俗・慣習を日本風に改めさせました。沖縄戦では、本土防衛の最後の「砦」とされ、多数の住民が犠牲になりました。

敗戦後の52年4月28日、サンフランシスコ講和条約の発効で日本は「主権」を回復しましたが、沖縄で始まったのは米国統治の「アメリカ世」です。住民の土地が奪われ、「本土」にあった米軍の海兵隊基地が沖縄に移設されました。

戦後すぐの沖縄では、日本に復帰すべきか、独立すべきか、あるいは国連の信託統治となるべきかについて、議論が交わされていました。日本復帰論が強まったのは、講和条約で日本から切り離されることが決まってからです。

米国統治下の沖縄では、軍事優先政策のもとで核ミサイルや毒ガス兵器が配備され、米兵がひき逃げ事故やレイプ、殺人事件を起こしても、住民は泣き寝入りするしかありませんでした。住民が日本復帰を求めたのは、日本国憲法のもとで日本国民としての権利を得て、米軍基地も核もない平和な島を築きたいと願ったからです。しかし、日本政府は基地の存続を前提とした返還交渉を米国と進め、住民の願いとはかけ離れた形で「沖縄返還協定」が調印されました。

復帰以降、沖縄振興施策に国費が投じられ、社会資本や生活環境の整備が進みました。一方で、米軍基地の偏在は続き、米兵による事件・事故も相次いでいます。「県民」「日本人」という意識が定着する一方で、「ウチナーンチュ」「ヤマトンチュ」という立場性を踏まえた認識も変わらずに持っているのが、いまの「ヤマト世」の沖縄人です。

(大山夏子・沖縄を語る会)

コラム 2

全国知事へのアンケート

いま沖縄にある米軍基地を本気で本土に引き取るのであれば、受け入れ先の知事の理解は不可欠――。その思いから2017年春、基地引き取りを趣旨に活動する全国の5団体が協力し、沖縄以外の46都道府県知事にアンケートを実施しました。40道府県から回答を得ましたが、こちらが設けた選択肢を選ばず、大部分を占めたのは「その他」や「無回答」です。

一方で、特筆すべき回答もありました。沖縄の米軍基地について尋ねた設問で、「縮小すべきだ」を選択したのは青森の三村申吾、茨城の橋本昌《まさる》、静岡の川勝平太、高知の尾﨑正直の4知事。移設先を問う質問では、岩手の達増《たっそ》拓也知事だけが「国外移設」を選びました。

日米地位協定に関する質問はどうでしょうか。「抜本改定が必要」としたのは、青森の三村・静岡の川勝の2知事に加えて、鳥取の平井伸治、山口の村岡嗣政《つぐまさ》、大分の広瀬勝貞の3知事でした。

この問題に各知事が慎重なのは、「沖縄の米軍基地を受け入れる」と宣言すれば、政治生命にも関わりかねないリスクを負うためです。2009年に民主党政権が誕生し、鳩山由紀夫首相は米軍普天間基地の移設先について「最低でも県外」を公約したものの移設先が見つからず、鳩山政権は1年足らずで倒れたのです。

実際、「その他」や「無回答」の多くに「国防・安全保障に関わることでコメントする立場にない」「国の専権事項」などの補足説明がありました。この回答が予想されたからこそ、知事に問題提起するための質問も入れました。

「辺野古移設について、国と地方が対立している状況の打開策についてどう思われますか？」

これに対し、「憲法92条に定める地方自治の原則や地方分権の観点から国と地方の関係が『対等・協力』であることを踏まえ、国と沖縄県の間でもっと協議すべきだ」という選択肢を選んだのは、岩手の達増、静岡の川勝、滋賀の三日月大造、宮崎の河野《こうの》俊嗣《しゅんじ》の4知事でした。それは国策の推進に対して地域主権をどう確保するか。沖縄だけではなく、全国の都道府県にも問われています（肩書はいずれも当時）。

【追記】18年夏にも実施し、39道府県から回答を得ました。「沖縄の米軍基地の負担は過重か」の問いに12知事が「過重」と回答し、3知事が自由記述で負担の重さに言及しました。同じ質問ではないので単純に比較できませんが、17年の質問で「縮小すべきだ」と答えた知事が4人しかいなかったことを考えると、沖縄に寄り添う姿勢の知事が増えたことは確かです。（編集部）

政治の流れを変えた少女暴行事件

復帰後も何も変わっていない

沖縄の「いま」を考えるうえで最も重要な出来事の一つが、１９９５年に起きた「少女暴行事件」です。この事件をきっかけに、「なぜ沖縄に基地が集中し続けるのか」という不満が沖縄の人たちの間で共有され、全国に問いを突きつける大きなうねりとなりました。なぜ、この事件が、その後の政治の流れを変えるほどの大きな流れを生んだのでしょうか。

事件は、たいへん痛ましいものでした。95年9月、沖縄本島内で米兵3人が小学生の女児をレンタカーに引きずり込んで監禁し、人気のない場所で乱暴しました。3人はその後、基地内に逃げ込みます。

沖縄県警は犯人を特定して逮捕状をとりましたが、検察が裁判所に起訴するまで、3人の身柄は日本側に引き渡されませんでした。根拠となったのは日米地位協定の規定。裁判権について定めた第17条には、日本側が裁判権を持つ事案であっても、身柄が米軍側にあるときには起訴されるまで引き続き米軍側が身柄を拘束する、と定められているのです。

日本国内で起きた事件なのに、日本人と同じように捜査できない現実。このことは沖縄の多くの人たちに、米軍統治下で差別的な扱いをされた27年間を思い起こさせました。差別から逃れるために日本国に復帰したというのに、何も変わっていないではないか、と。

犠牲になり続けた女性たち

沖縄は、県民の4人に1人が亡くなったと言われる凄惨な沖縄戦の末に米軍に占領されます。そして、そのまま「日本の潜在的施政権を認めつつも米軍が統治する」という国際法の観点からみてもきわめて特殊な方法で、日本から切り離されました。琉球政府や立法院という自治機関はあったものの、その上位に琉球列島米国民政府（ＵＳＣＡＲ：United States Council for Automotive Research）が置かれ、トップである高等弁務官は陸軍中将が兼任。琉球政府や立法院に対して、強力な拒否権を持っていました。72年に日本に返還されるまで、実態は米軍による軍政そのものだったのです。

この「軍事優先体制」のもとで、沖縄の人たちは土地を奪われ、米軍基地が拡張され、さまざまな不平等や不条理を強いられました。米兵によるレイプ事件は各地で頻発します。55年には、6歳の女児が凄惨な殺され方をした強姦殺人事件も起きました。米兵が集落に入ってきたときに「危険」を伝えるために叩き鳴らした酸素ボンベが、いまも沖縄各地に残っています。

差別的な待遇もまかり通っていました。50年代には「沖縄人の給料は米国人の10分の1」「トイレも食堂も米国人と沖縄人は別」だったといいます。

60年代から盛り上がる日本への復帰運動のエネルギーは、こうした米軍支配への不満です。戦争放棄を謳った憲法9条を持つ日本の一員になれば、米軍の支配から解放され、不公平で理不尽な状態が解消されるはず。だから沖縄の人たちは、一時期禁止されていた日の丸を米軍への抵抗のシンボルとして振ったのです。

しかし、72年に日本復帰しても、米軍優先の実態は変わりません。全国の米軍専用施設の約4分の3が集中するという構図も固定化。80年代後半に冷戦構造が崩壊しても、状況に変化はありませんでした。

こうした中で起きた少女暴行事件。最初の声を上げたのは女性たちです。戦後50年も経つのに、復帰から23年も経つのに、冷戦も終わったのに、なぜ沖縄の女性は犠牲になり続けなくてはならないのか。

条件としての県内移設

95年10月21日に開かれた「県民総決起大会」(県民大会)には、自民党から共産党まで沖縄の全会派の政治家たち、8万5000人(主催者発表)もの県民が集まり、「日米地位協定の抜本改定」を日米両政府に要求しました。このときの県民の気持ちを、壇上に立った大田昌秀知事はこう代弁しました。

「沖縄は日米両政府に協力してきた。これからは両国政府が沖縄に協力する番だ」

「米国だけでなく日本もまた共犯ではないか」という問いに、日本政府は慌てました。県民大会の翌11月には、起訴前であっても凶悪犯罪時には米側から日本側に身柄を引き渡せる、とする地位協定の運用改定について米国と合意。さらに、日米合同の「沖縄に関する特別行動委員会」(SACO：Special Action Committee on Okinawa)を設置し、96年4月には普天間基地の返還への電撃合意を取り付けました。

ところが、少女暴行事件を機に、沖縄の負担を軽くするためとして動き出したはずの普天間返還計画だったのに、この返還は当初から県内に代替施設を造ること(県内移設)が条件とされます。新たな負担を強いるこの本末転倒な条件は、沖縄をさらに苦しめていくことになるのです。

(宇野聡史・福岡)

「オール沖縄」が生まれた理由

「アメとムチ」の強化

日米両政府が１９９６年4月に合意した普天間基地の返還。その条件である「県内移設」の候補地に名護市辺野古が浮上しますが、97年12月の名護市民投票で「反対」が54％を占めました。厳しい住民感情に対応するため、政府は財政と安保政策をより強くリンクさせる方向に転換します。「アメとムチ」の強化です。

移設を推し進める政府と、反発する沖縄の民意の板挟みになった沖縄の保守勢力は、両者をなんとかつなごうと「苦渋の選択」という言葉を編み出しました。この言葉を頻繁に使ったのが、98年の知事選で大田昌秀氏を破って初当選した稲嶺《いなみね》恵一氏です。県内移設を受け入れる代わりに、「15年の使用期限」「軍民共用化」という厳しい条件を付け、市街地から遠い沖合２・２キロを埋め立てる「辺野古沖合案」を軸に交渉を進めていきます。

小渕政権はこれに応えて、99年に「軍民共用化」を盛り込む形で辺野古への移設を閣議決定。政府、沖縄県、名護市の３者が最も歩み寄った時期でした。

並行して「アメ」が用意されます。まず、総額１０００億円規模の「沖縄米軍基地所在市町村活性化特別事業」（島田懇談会事業）が97年度から始まりました。名護市など米軍基地がある25市町村（市町村合併により現在は21市町村）に限り、地域振興に国費を投じるというものです。「基地のあるなし」によって予算が配分される仕組みの補助金は初めてでした。

２００１年度からは辺野古をかかえる名護市をはじめ北部15市町村を対象にした「北部振興基金」が設けられ、07年度からは米軍再編計画への協力に応える「再編交付金」も設けられます。これは全国の自治体も対象となり、再編計画に反対した山口県岩国市や神奈川県座間市が交付対象から一時期はずされました。

日米安保体制の維持に協力するなら財政で応え、協力しないなら予算をしぼる――。冷戦が終わって在日米軍の役割が変わる中、日本政府は従来どおりの駐留を維持するため、地方自治体や住民に対してあからさまな姿勢を露わにしたのです。

それでも県民の反対は根強く、工事は停滞しました。米国側も沖合案の実現性に疑問を示し、日米は06年、米国側の要求や一部地元財界の意見も入れて、米軍キャンプ・シュワブの沿岸を埋め立てて滑走路２本をV字型に配置する「辺野古沿岸部案（V字案）」に変更して合意します。せっかく地元が折り合った沖合案は立ち消えになり、99年の閣議決定も廃止されました。

稲嶺知事は反発し、沿岸部案に反対し続けました。県民の不信感はくすぶり、08年6月の県議選では共産党や社民党などの「革新勢力」が16年ぶりに過半数を確保。自民党・公明党は少数与党に転落します。

鳩山政権によって見えた現実とオール沖縄の萌芽

よく「辺野古移設計画は沖縄も同意していたのに、鳩山政権がそれを壊した」「鳩山氏は沖縄の人の気持ちをもてあそんだ」と言う人がいます。一面ではそのとおりでしょう。鳩山政権が「普天間基地は最低でも県外に移設する」と言ったことで、県民が「苦渋の選択をしなくてもいい」と期待したのは確かです。

しかし、野党となった自民党や官僚機構、大手メディアなどが対米関係への影響を懸念する論陣を張りました。批判にさらされた鳩山氏は1年も持たず、「辺野古移設」に戻ってしまいます。県民は大きな失望を抱きました。つまり、鳩山氏を支えなかった全国の世論と市民の姿に、多くの県民は失望したのです。鳩山政権の登場によって見えた現実でした。

12年秋には、普天間基地への輸送機オスプレイの配備も強行されました。沖縄の全市町村が反対したにもかかわらず、米軍の都合がまた優先された——。沖縄の人にはそう映りました。このころには「沖縄は差別されている」と一般の間でも言われるようになり、当時は自民党の重鎮だった翁長雄志那覇市長は、12年の朝日新聞のインタビューにこう答えています。

「僕らは折れてしまったんです。本土の人はみんな一緒じゃないの、と。沖縄で自民党とか民主党とか言っている場合じゃないなという区切りが、鳩山内閣でつきました」

その翁長氏は、14年の知事選で「オール沖縄」を訴え、圧勝します。このときのスローガン「イデオロギーよりアイデンティティ」には、「ウチナーンチュ同士がイデオロギーを争うのではなく、団結して日米に対抗する」というニュアンスが含まれています。過去のどの知事よりも「沖縄」を第一に語った翁長知事は、ヤマトへの深い失望が生み出した存在だと言えます。

これに対し、安倍政権は過去のどの政権よりも沖縄に冷淡です。95年の少女暴行事件から20年以上経ったいま、沖縄とヤマトの溝は、より深まってしまったかのようです。


（宇野聡史・福岡）

主権国家ではあり得ない日米地位協定

ヘリコプター墜落で明らかになった「治外法権」

2004年8月、米海兵隊所属CH－53大型ヘリコプターが米軍普天間基地に隣接する沖縄国際大学本館ビルに墜落、爆発炎上しました。米軍は消火活動を終えた宜野湾市の消防を立ち退かせると、墜落現場を一方的に占拠しました。沖縄県警の捜査を排除し、学長や市長、マスコミの立ち入りも認めず、占領時のように現場を米軍の管理下に置いたのです。

米軍は、民間人のみならず日本の公的機関も排除し、植民地であるかのように司法権（捜査）と行政権（封鎖）を行使しました。この事件が明らかにしたのは、米軍は日本国内にありながら一種の「治外法権」を認められていることです。こうした米軍の特権的地位を規定しているのが、日米地位協定に他なりません。

沖縄国際大学の前泊《まえどまり》博盛教授は、日米地位協定とは、「アメリカが占領期と同じように日本に軍隊を配備し続けるための取り決め」（『本当は憲法より大切な「日米地位協定入門」』創元社、2013年）だと言います。米軍機・ヘリは今日でも日本の航空法に従う義務を免除されていますし、民間地に墜落したとしても日本側には捜査権さえ保障されていません。さらに、米兵は公務中の場合どんな罪を犯しても日本側で裁くことはできず、公務外であっても米軍が先に身柄を拘束した場合起訴するまでは逮捕できません。これらは、日本以外の主権国家ではあり得ない光景です。

国民運動が求められている

イタリアでは駐留米軍の訓練・演習はイタリア政府の許可を必要とし、米軍のすべての重要な行動は事前通告しなければなりません。ドイツでも、米軍機には、飛行禁止区域や低空飛行禁止を定めるドイツ国内法（航空法）が適用されます。韓国でも、01年に米軍関連の犯罪容疑者についての規定が変更され、12種の犯罪では起訴前の身柄引き渡しが可能となりました。

米国が各国との地位協定で譲歩してきたのは、各国に主権を守ろうとする国民運動があったからです。日本では、沖縄からの度重なる要求にもかかわらず、地位協定は締結以来一度も改正されていません。いま緊急に求められているのは、沖縄に押しつけてきた理不尽な基地負担と日米地位協定を自らの責任として是正しようとする、強い国民運動ではないでしょうか。

（福本圭介・新潟）

ポジショナリティ——問われる結果責任

「ポジショナリティ」は、「基地引き取り」を考え、「基地引き取り行動」を進めるうえで核となる、重要な概念です。沖縄への基地偏在問題を研究する池田緑の定義によれば、それは「所属する社会的集団や社会的属性がもたらす利害関係にかかわる政治的な位置性」(「ポジショナリティ・ポリティクス序説」『法学研究(慶應義塾大学法学研究会)』89巻2号、2016年、318ページ)とされます。

社会運動家などから発せられる「基地引き取り」に対する反論のひとつに、「沖縄に基地を押しつけているのは、政府の政策であり、闘うべきは国家権力(政府)である」というものがあります。しかし、ポジショナリティの視点からは、政府の政策に反対し、基地反対の声を上げていても、その政府を支えている(政策を転換させられていない)国民という制度集団に属する者として、結果責任は問われることになります。

「(…)政府の政策を批判したり基地反対運動を行っていたりする者たちも、日常においては平穏で豊かな生活を享受するという利益は得ている。(…)集団の構成員であるから責任があるのではなく、集団に属することで利益を得ているからその解消責任があると考えるべきなのだ。ポジショナリティという視点からは、たとえ不正義に反対している者でも、その不正義が解消されないかぎり、政治的責任は問われるのである」(前掲論文、331ページ)

一方で、不正義に反対しているのは、その人のアイデンティティの部分であり、ポジショナリティとは峻別されるべきだと指摘したうえで、池田は述べます。

「(…)落ち着いて考えてみる必要があるのは、社会的不正義を正そうとする個人的意思は、アイデンティティの領域に属する問題だということである。(…)たとえその個人の意思に反してでも享受してしまっている利益の正当性への疑義が表明されているに過ぎないのである。けっしてそれらの不正義を正そうという個人的な意思や心情(信条)、正義感、経験や行動などが問題化され、批判されているのではない」(前掲論文、336ページ)

「基地引き取り」行動が問うのは、その人の思想・信条といったアイデンティティに属する問題ではありません。沖縄への抑圧者、差別者、植民者であるという政治的な位置性を問い、それを変革、脱却するための行動なのです。

(松本亜季・大阪)

海兵隊が駐留する必要はあるのか

沖縄の米軍専用施設の7割弱は海兵隊基地です。人員数でも6割弱が海兵隊員。普天間基地も海兵隊の基地です。沖縄の米軍基地問題の大きな部分を海兵隊が占めていると言えます。

でも、「海兵隊」といっても、同様の軍種を持つ国は世界でも非常に少ないため、どんな軍隊なのかイメージしにくい存在です。何をしているのでしょうか。

米国の海兵隊は元々、カリブ海での海賊退治をルーツとする軍隊です。船に乗って移動しますが、専門は敵の船に乗り移ったり、波打ち際に上陸したりしての白兵戦。現代でも主力は歩兵や大砲、装甲車といったあくまで陸上戦闘を専門とした軍隊です。

そんな軍隊が、なぜ、沖縄にいるのでしょう。

日本政府は、中国の軍事的台頭による尖閣《せんかく》諸島での摩擦や朝鮮半島有事など、日本周辺の安全保障環境を挙げて「沖縄への海兵隊駐留は地政学上必要」などと説明してきました。しかし沖縄からは、こうした説明に疑問が向けられています。理由は以下のとおりです。

沖縄にいる「第3海兵遠征軍」は太平洋やインド洋までの広大な地域を担当し、沖縄の位置は北に偏りすぎています。主力部隊は数カ月ごとにアジア各地に出かけて各地で合同演習を行っており、沖縄の海兵隊基地は何カ月も空っぽ。本当に沖縄が地理的に優位な場所と言えるのか、疑問が生じます。

そもそも、海に囲まれた日本周辺での有事に最初に駆けつけるのは海軍と空軍です。海兵隊は地上部隊で、制空権と制海権が確保された後でなければ行動できないため、最前線に駐留する必要はありません。

一方、敵地で特殊作戦を行うことを想定している、という考えもあります。仮にそうだとしても、1万人以上の大規模な部隊を沖縄に駐留させておく理由にはなりません。

つまり、実際の海兵隊の行動や性質を目の当たりにしていると、沖縄にいる戦略的な意味はないのではないか、と思えてきます。沖縄には北部訓練場という訓練施設が充実しているため、訓練地として重要なだけだ、と指摘する軍事専門家もいます。

ところが、日本政府は従来からの見解を繰り返すだけで、疑問を膨らませる結果になっています。海兵隊が絡む事件・事故が収まらない中、その撤退を求める声はさらに大きくなっていく可能性が高いでしょう。

（宇野聡史・福岡）

沖縄の自己決定権

植民地主義からの脱却を目指して

いま、沖縄では「自己決定権」という言葉が頻繁に語られています。自己決定権は簡単に言えば、「自分たちのことは自分たちで決める権利」。「ウチナーのことはウチナーンチュで決めたい」という思いが高まっているのです。

それは、なぜでしょうか。逆に言えば、沖縄の自己決定権が侵害されているからです。辺野古では、県や多くの県民の反対を無視する形で、米軍の新基地建設が強行されています。「国益」の名のもとに特定の地域を道具のように扱うことを、「植民地主義」と言います。

沖縄は1879（明治12）年に日本に併合されて以降、ずっと「道具」のように扱われてきたと思う沖縄人が増えてきました。そこで、植民地主義からの脱却を目指す言葉として、「自己決定権」が使われるようになってきたのです。

人権の中で最も重要な権利

『沖縄の自己決定権』（高文研、2015年）の著書がある琉球新報政治部長の新垣毅《あらかきつよし》氏は、「自己決定権は国際法で保障された、国際社会で普遍的な権利です」と話します。第二次世界大戦後、戦前の植民地主義に伴う人権侵害への反省から、国連で国際人権規約という国際法が採択されました。自己決定権は、その規約の最初の条文に定められていて、人権の中で最も重要な権利として位置付けられています。

自己決定権は二つの権利から構成されます。「自らの運命に関わる中央政府の意思決定過程に参加できる権利」と「その権利が著しく損なわれた場合、独立を主張できる権利」です。辺野古への新基地建設は、沖縄住民の運命を大きく左右することなのに、民意を踏みにじる形で進められています。そのため、意思決定過程に沖縄住民の民意を反映させることを求めて、自己決定権の行使を訴えているのです。

気付かないようにしているヤマトの日本人

しかし、ヤマトの多くの日本人は、沖縄でのそうした議論についてほとんど知りません。

ヤマトの普通の日本人に沖縄の自己決定権について語ったら、「よく分からない」とそっぽを向くでしょう。

ヤマトのリベラルな日本人に沖縄の自己決定権について語ったら、「日本復帰を望んだのは沖縄の人たちじゃないか」とむきになるでしょう。

ヤマトのネトウヨの日本人に沖縄の自己決定権について語ったら、「琉球なんてなかった。沖縄はもともと日本だ」とデマを言って逆切れするでしょう。

これは、私が沖縄人としてさまざまな立場の日本人と接するなかで、実際に体験してきたやり取りです。沖縄の言論空間とヤマトの言論空間は、これほどまでに隔たりがあります。

しかも、ウチナーンチュはその乖離に気付いているけれど、ヤマトの人たちは気付いていません。というより、無意識に気付かないようにしているようです。知ってしまったら、沖縄とヤマトの間にひそむ「植民地主義」について考えざるを得ないからです。この関係のなかでは、ヤマトの人たちは「植民者」です。

植民者としての自分と向き合うのは苦しい。「スバラシイ日本人」が、加害者たる植民者であることを自認するわけにはいかない。だから、「自己決定権」という言葉を聞くと、多くの人たちが耳をふさいで思考停止するのです。

歴史体験と近年の心情的な変化

「ウチナーのことはウチナーンチュが決めたい」というときの「ウチナー」は「沖縄」、「ウチナーンチュ」は「沖縄人」です。沖縄では、日本の47都道府県の1県民であることを超えて、自分たちを「ヤマトンチュ」とは異なった歴史や文化を持つ「ウチナーンチュ」という存在だと考える人が増えています。

その背景には、沖縄人の歴史体験と近年の心情的な変化があります。琉球併合以降、沖縄とヤマトの間では圧倒的な非対称(いわゆる差別)の関係が続いてきました。近代日本社会に同化を強いられながら、同時に排除されるという構図のなかで、常に国益のための犠牲を強いられてきたのです。

アジア・太平洋戦争では、沖縄は持久戦のための捨て石と位置付けられ、凄惨な沖縄戦で多くの住民の命が失われました。戦後は日本の主権回復と引き換えに切り捨てられ、米軍支配の時代が続きました。沖縄で復帰運動のうねりが起こったのは、多くの県民が基地のない島を目指して日本国憲法への「復帰」を願ったからです。しかし、いまだに米軍専用施設の7割が沖縄に集中しています。

1995年に米兵による少女暴行事件が発生し、日米間で普天間基地の返還が合意されたものの、最初から県内移設前提で辺野古になりました。21世紀に入ってから沖縄では「県外移設」を求める声が高まりましたが、どこも受け入れません。米軍人・軍属の犯罪や米軍車両・航空機などによる事故が相次ぐなか、日本政府は沖縄の民意をないがしろにして辺野古新基地建設を強行し、多くのヤマトの人たちが黙認しています。

こうした状況に、ウチナーンチュは失望を深めてきました。２０１６年に20歳の女性が元海兵隊員の男に殺害された事件の追悼集会で、壇上に立った玉城《たまき》愛さんは次のように述べました。

「安倍晋三さん。日本本土にお住まいの皆さん。今回の事件の『第二の加害者』はあなたたちです」

この言葉にも、「ヤマト」への苛立ちが表れています。

自己決定権を求める県民

15年6月3日の琉球新報に、沖縄の自己決定権の拡大に関する世論調査結果が掲載されました。その回答は、次のとおりです。

「大いに広げていくべきだ」41・8%。
「ある程度広げていくべきだ」46・0%。
「広げる必要はあまりない」6・8%。
「広げる必要はまったくない」2・4%
「分からない」3・0%。

自己決定権の拡大を88%が求めていることが分かりました。

17年6月には「命どぅ宝！琉球の自己決定権の会」が設立されました。設立宣言には、次のように書かれています。

「琉球併合以来今日まで、私たちは政治的には常にヤマト(日本)の系列化に従い、琉球・沖縄の内部で対立や分裂を演じてきた。それは、圧倒的な少数派が生き残るための一つの方法ではあったかもしれないが、しかし、それはまた日米両国による植民地統治に利用され、ますます従属化を深め、今日の危機的状況を招いた。私たちは歴史に学び、琉球・沖縄人同士が対立や分断を克服し、国連や国際人権法で保障される自らの自己決定権を自覚し、行動することが問われている」

18年に本土では、「維新１５０年」が注目されました。しかし、沖縄で自己決定権の拡大を求める人たちは、19年の「琉球併合１４０年」の節目を意識し、ますますヤマトに対して心理的な距離を置くようになっています。日本国の成り立ちと現在をどう捉えるのか。むしろ、日本人のほうが向き合わなければならない問題でもあります。

（大山夏子・沖縄を語る会）

玉城デニー知事誕生と辺野古埋め立て強行

２０１８年９月の沖縄県知事選挙で、元衆議院議員の玉城《たまき》デニー氏が初当選しました。８月に急逝した翁長雄志知事に続いて、米軍普天間基地の辺野古への移設計画に明確に反対する知事が誕生したことになります。しかし安倍政権は、「辺野古が唯一の解決策」との立場を崩そうとせず、12月には埋め立てのために土砂投入を強行しました。この国の民主主義とは何なのか。私たちすべての国民に、この国の政治のあり方が問われています。

過去最多得票に「完敗した」安倍政権

沖縄の政治状況を一変させた翁長氏は、あらゆる手段で辺野古移設を阻止すると訴え続け、安倍政権に対抗しながら、８月８日に膵臓がんのため急逝しました。11月の予定だった知事選挙は９月30日に前倒しされ、県内政局は一気に選挙モードに突入していきます。

自民党はすでに前宜野湾市長の佐喜真《さきま》淳《あつし》氏を擁立しており、公明党と日本維新の会も推薦。自民系候補が勝った２月の名護市長選挙と同じ構図で臨みました。佐喜真氏は、辺野古移設への賛否にはまったく言及しない戦術を徹底。菅義偉官房長官が２度も街頭に並んで立つなど、「政権との協調」を前面に押し出す選挙戦を展開しました。

これに対し、「辺野古反対」で結集する政党や労働組合、企業関係者らの集まりである「オール沖縄」勢力は、翁長氏が玉城氏を後継候補に挙げていたこともあって、玉城氏の擁立で一本化します。県も翁長氏の指示に従って埋め立て承認の撤回に踏み切り、権限を失った政府は辺野古の工事を停止させました。

こうして行われた知事選挙は、単に「辺野古の是非」だけでなく、安倍政権との「融和」か「対決」かを問う構図となりました。そして、玉城氏は39万６６３２票（得票率55％）と、過去最多得票を獲得。佐喜真氏は31万６４５８票（同44％）にとどまりました。安倍政権にとっては文字どおりの「完敗」だったのです。

奇策の連発とたまり続けるマグマ

それでも安倍政権は、選挙結果を無視します。安倍首相や菅官房長官は選挙後、玉城知事と面会はしたものの、「辺野古が唯一」といった説明を繰り返しただけ。一方で、県の埋め立て承認撤回への対抗策として行政不服審査法の手続きを使い、撤回の効力を一時的に止める「執行停止」を実行しました。本来は国民を救済するための制度を政府機関が使う「奇策」です。

12月には、台風被害で使えなくなっていた本部《もとぶ》港に代わり、約8キロ離れた名護市西部の地元企業の桟橋を使って、船舶による埋め立て土砂の搬出を始めます。県に提出した手順と異なりますが、政府は「近隣だから問題ない」と押し切りました。

こうして奇策に次ぐ奇策を繰り出し、知事選挙から2カ月半後の12月14日、辺野古沿岸の海に、埋め立て土砂が初めて投入されました。「沖縄の民意」がこれほどまでに冷淡に無視され、これほど明確に踏みにじられたことは、かつてない事態です。

沖縄の民意をないがしろにしてまで進められる、普天間基地の移設計画。日本政府は、「沖縄の負担軽減のため」「市街地に囲まれた普天間基地の危険性除去のため」として計画を正当化しています。こうした説明に同調する本土の人も少なくないでしょう。

しかし、そうであるならばなぜ、この計画は沖縄県民に支持されていないのでしょうか。

忘れてはいけないのは、計画の原点は、1995年の少女暴行事件だったということです。県民の不満が爆発し、慌てた日米政府は96年4月、当時県が求めていた普天間基地の返還に電撃合意しました。さらに、「沖縄に関する特別行動委員会」(SACO)最終報告などを経て、辺野古への移設を推し進めていきます。

ところが、本当に取り組むべきだったことについては、一貫して避け続けたままです。「沖縄に軍事力を集中させて日米同盟の安定化を図る」という戦後日本の安全保障体制。この本質的な問題を解決するつもりは、日米ともハナからなかったのです。

故・新崎盛暉元沖縄大学学長は、こうした日米安保体制を「構造的沖縄差別」と名付けました。この差別に不満を抱く県民の心理を、稲嶺恵一元知事は「県民のマグマ」と表現しました。04年の沖縄国際大学ヘリ墜落事故、16年のうるま市女性殺害事件…。本質的な差別構造が変わらないかぎり、基地返還が一部進んだとしても、マグマはたまり続け、噴き出し続けます。

そもそも、沖縄が訴えているのは、「普天間ぐらい、なぜ県外に移設できないのか」という素朴な問いです。それに対し、国家権力が法律を都合よく駆使して、それを「法治国家」と強弁するような国に、私たちは暮らしています。「民主主義とは何か」。それは、ヤマトンチュ一人ひとりに突きつけられた問いなのです。

(宇野聡史・福岡)

コラム3

翁長雄志・前沖縄県知事を悼む

２０１８年８月８日の夜、翁長前知事が膵臓がんにより急逝されました。心の底よりお悔やみ申し上げます。最後の最後まで日米両政府に毅然と立ち向かい、両政府のみならず、私たち「本土」の人間にも多くのことを問いかけられました。ここでは、翁長さんの生前の「ことば」たちとともに、訴えてこられたことを振り返り、改めて認識していきたいと思います。

沖縄の犠牲の上に成り立っていた日本の戦後

翁長さんは沖縄の歴史、とりわけ戦後史に立脚されて発言してこられました。

「憲法９条があるから日本は平和なんだと主張する人たちは、憲法の埒外にあった沖縄の負担の中で、戦後日本の高度経済成長があったということがわかっていない」(『ｍｏｍｏｔｏ』vol.15、13年、15ページ)

「沖縄は日本の独立と引き換えに約27年間、米国の施政権下に差し出された。米軍との自治権獲得競争は想像を絶していた。その間、日本国は自分の力で平和を維持したかのごとく高度経済成長を謳歌してきた」(琉球新報社編『魂の政治家――翁長雄志発言録』高文研、18年、30ページ)

こうした発言は、「日本」の戦後がいかに沖縄の犠牲の上に成り立っていたのか、「９条を守ろう」と言って平和運動をしている人たちの視点から沖縄の戦後史がいかに欠落しているのか、突いていると思います。

２０２０年の東京五輪に向け、１９６４年当時を振り返る風潮がありますが、「本土」中心主義史観に陥ることなく、沖縄の戦後という視点が大切だと考えます。同時に、本当に９条があったから平和だったのか、考え直す必要があるのではないでしょうか。

デマ・ヘイトに対して

沖縄に対して浴びせられてきたデマやヘイトスピーチに対しても、毅然と理路整然と反論されました。

「振興策を利益誘導だというなら、お互い覚悟を決めましょうよ。沖縄に経済援助なんかいらない。税制の優遇措置もなくしてください。そのかわり、基地は返してください」(『朝日新聞』12年11月24日)

基地問題と振興策が常にワンセットで語られることについては、本州四国連絡橋や九州新幹線は経済活性化や観光振興を図るために建設されたはずなのに、沖縄の場合は基地とバーターみたいな話になる、と疑問を呈しました(TBSラジオ「荻上チキ Session-22」14年11月16日のインタビュー)。「沖縄は基地で食べている」という誤解・デマに対しては「そんなにお金がもらえるなら、(基地を引き取って)振興策をもらったらどうだと逆提案したいぐらいだ」(『沖縄タイムス』18年2月16日)と憤りを示しました。

こうした、「本土」から寄せられる誤解やデマ・ヘイトについては「沖縄に過重な基地負担を強いていることへの免罪符をもらいたいんでしょうね」(『琉球新報』15年12月3日)と見透かしていました。「本土」という安全圏から基地負担すらせず、デマでさらに沖縄を傷つけるのは、卑怯そのものだと思います。

民主主義の在り方

この国の民主主義の在り方も強く問い、そして基地は全国で負担すべきと訴えました。

「自ら奪っておいて、危険性除去のために沖縄が負担しろ、代替案はあるのか、日本の安全保障はどう考えているんだというこういった話がされること自体が日本の政治の堕落ではないか」「日本国民全体で負担をする中に日本の安全保障、日米安保体制、日米同盟というようなものをしっかりやっていただきたい」(沖縄タイムス社編『沖縄県知事翁長雄志の「言葉」』沖縄タイムス社、18年、150~151ページ)

「よく私たちは日本政府と対立していると言われるが、意見を言うことそのものが対立と見られるところに日本の民主主義の貧弱さがあると思う。ほかの都道府県で国に物申したときには対立とか、独立とか言われないのに、沖縄の場合にはそれも言われる」(前掲『魂の政治家』105~106ページ)

「日米安保体制を日本国が真剣に考えてこなかった。沖縄だけに押しつけて安易な政治を続けていることが民主主義そのものを脅かしているのではないかと思っている」(前掲『魂の政治家』135~136ページ)

「日本に、本当に地方自治や民主主義は存在するのでしょうか。沖縄県にのみ負担を強いる今の日米安保体制は正常といえるのでしょうか。国民の皆さま全てに問い掛けたいと思います」(『琉球新報』15年12月3日)

こうした数々の問い掛けに応答する責任が私たち「本土」の人間にはあると思います。誠実な応答を示し、翁長さんがニライカナイ(海の彼方の理想郷)で安心できるようにしたいと強く考えます。

(坂口ゆう紀・首都圏)

BOOK

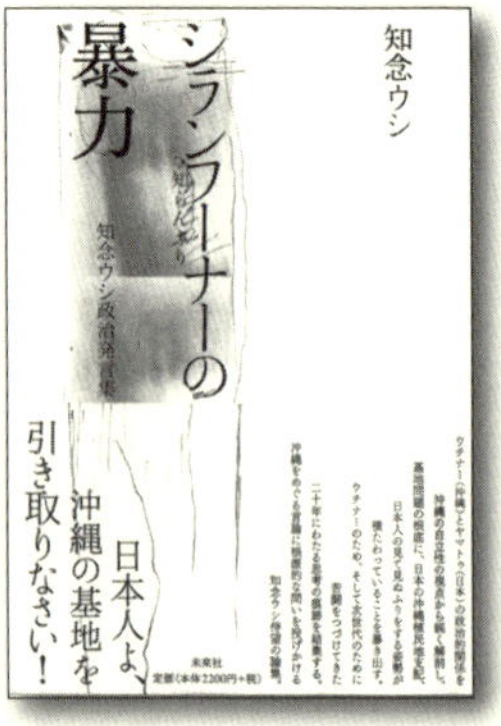

『シランフーナー(知らんふり)の暴力――
知念ウシ政治発言集』
知念ウシ
(未來社、2013年)

沖縄のむぬかちゃー(ライター)・知念ウシ氏が20年かけて綴ってきた論集。なぜ沖縄だけに在日米軍基地が集中するのかという問いを出発点に、沖縄と日本の政治的関係性を鋭く見つめ、それが植民地主義、ならびに日本人による「知らんふりの暴力」によるものだということを明確に示していきます。

沖縄人による県外移設要求とは、「私たちを差別するな。侮辱するな。近代以来の、私たちや他の地域・民族を犠牲にする生き方をやめてくれ、責任をとってくれ」という日本人への呼びかけであるとし、県外移設要求の正当性を確かめるとともに、日本人の自己解放・回復の貴重な機会であると論じています。『沖縄の米軍基地』の出版と、「本土」に広がる基地引き取り運動の出現に、重要な役割を果たしました。

BOOK

『沖縄の米軍基地――
「県外移設」を考える』
高橋哲哉
(集英社新書、2015年)

「本土」側の知識人として初めて、知念ウシ氏ら沖縄からの「県外移設」という声に向き合った一冊。在日米軍基地を必要としているのは日本政府だけではなく、8割が日米安保体制を支持する「本土」の主権者国民であり、県外移設とは、基地を日米安保体制下で本来あるべき場所に引き取ることによって、沖縄差別の政策に終止符を打つ行為であると論じています。

日米安保体制に反対してきた戦後の革新勢力や反戦平和運動についても、憲法9条を護りながら沖縄差別の解消に踏み出すことはしなかったとし、「基地は沖縄にも日本のどこにも要らない」という主張によって、沖縄からの県外移設に立ちはだかってきた問題点も指摘。「日本人よ、沖縄の基地を引き取りなさい!」という切実な沖縄の声に応答した、最重要の論考です。

(里村和歌子・福岡)

Chapter 4

基地引き取り論への批判に応える

Lead

「基地はどこにも要らない」「性犯罪も引き取るのか」「中国や北朝鮮の脅威はどうする!?」……。基地引き取りと聞いた途端、たくさんの人たちから驚きとともに寄せられる批判。どう考えたらいいのでしょうか。

Q 基地はどこにも要らないはず A 引き取ってから「本土」の責任で訴えよう

（坂口ゆう紀・首都圏）

「基地引き取り」に対して「基地はどこにも要らない」との批判の声があります。実際、「基地は要らない。どこにも要らない」というシュプレヒコールが定番です。たしかに、どこにも基地がないのは理想でしょう。しかし、その「理想」の声が沖縄の負担軽減を求める声をブロックしていることも事実です。「本土」が引き受けに反対ばかりなゆえに、負担軽減が進まない実態があります。具体例を紹介しましょう（肩書などは当時）。

地元も政府も反対

❶1996年に政府系シンクタンクの委託を受けた研究所が、沖縄に駐留する海兵隊の大半の機能を北海道の苫小牧市東部に移すことを報告書に盛り込んだ。内容が報道で明らかになると、地元の国会議員が猛反発。政府は火消しに躍起になった。政府幹部は「政治的コストが高すぎる」と漏らしていたとも言われる（『沖縄タイムス』16年6月21日）。

❷「移設先を本土に求めると反対勢力の住民運動に遭うから、名護よりほかにない」（橋本内閣時に官房長官を務めた梶山静六氏の98年の書簡、『毎日新聞』16年6月3日）。

❸「本土に移そうというと各自治体が全部反対する」（小泉純一郎首相、高橋哲哉『沖縄の米軍基地――「県外移設」を考える』集英社新書、75ページ）。

❹12年に米国政府が在沖海兵隊員約1500人を岩国基地に移転させることを日本政府に打診したが、山口県や岩国市、周辺自治体が強く反発。断固反対の要請書をオバマ大統領や田中直紀防衛大臣に送付した結果、玄葉光一郎外務大臣や田中防衛大臣は日本政府として移転案を拒否する考えを示し、米国からの打診を拒否。米国は岩国以外への移転も打診したが、日本政府は同様に拒否（前掲書、58～59ページ）。

❺日本政府は14年7月、普天間飛行場のオスプレイの佐賀空港への暫定配備を佐賀県などに打診したが、地元の反対を受け、15年10月に白紙に戻す（『沖縄タイムス』16年6月21日）。

❻森本敏防衛大臣は退任時の記者会見で「軍事的には沖縄でなくても良いが、政治的に考えると、沖縄が最適」（前掲書、64ページ）と語っている。

中谷元防衛大臣も14年3月に沖縄への基地集中の理由を学生団体から問われた際、こう応じた。

「理解をしてくれる自治体があれば、移転できますけど、なかなか、米軍反対と言うところが多くてですね」

「地政学的な理由だけではなくて、本土の皆さんの意向があって動かしにくいということですか」

「そうなんですね。（中略）抵抗が大きい

という現実はあります」(前掲書、64〜65ページ)。

❼18年2月の国会で、負担軽減が進んでいないことを問われた際の安倍首相答弁。

「日米間の調整が難航したり、移設先となる本土の理解が得られないなど、さまざまな事情で目に見える成果が出なかったのが事実だ」

他方で米国側は、県外移設を打診するなど柔軟な姿勢を見せている。ウィリアム・ペリー元国防長官は「日本のいかなる提案も検討する」と語った(『沖縄タイムス』16年6月13日)。

また、在沖海兵隊が14年以前に新任兵士対象の研修で使用していた教材では、「日本政府は米軍の部隊と基地を(沖縄に)残したい。なぜなら本土に代替地を見つけられないからだ」と分析している(『沖縄タイムス』16年6月2日・21日)。

「本土」が強いてきた過剰負担

こうした発言や記述からも分かるように、「どこにも要らない」という姿勢が、結果として沖縄の過重負担を強い続けてきました。そして、「本土に受け入れ先がない」という理由で、政府の言う「辺野古が唯一の解決策」という立場をバックアップしています。

言い換えれば、「沖縄と連帯」と言いながら、実態としては負担軽減を求める「声」をブロックして、実現しないようにしているのです。言葉は強いかもしれませんが、現在の情勢を鑑みたら、そう言わざるを得ません。

だからこそ、それを突き崩す意味でも、「どこにも要らない」とシャットアウトするのではなく、「一緒に持とう」という歩み寄りが必要だと思います。

さらに言えば、基地をなくすために、基地がなくなるその日まで、沖縄に押しつけ続けることが正しいことなのでしょうか。

沖縄が戦後、政治的な意思決定のプロセスからはずされた状態で「本土」が押しつけた基地は、いったん「本土」へ引き取り、「本土」の責任において基地をなくすために、政治的なイシューにしなければなりません。つまり、「基地をなくす」目標は、沖縄に負担させたまま追うのではなく、自分たち「本土」で基地を引き受けて初めて、スタートラインに立つものだと思います。

「基地はどこにも要らない」という理想のためだけに、沖縄の人たちの命を危険にさらし続けることは、人道的に考えても許されません。

「本土」に住む私たちがすべきことは、「基地はどこにも要らない」という理想だけではなく、「基地引き取り」という選択肢もあると示すことです。そして、政治的な結果責任は自分たち「本土」の手で果たすべきだという姿勢を明確にすることではないでしょうか。

Q 性暴力まで引き取るの⁉

A 目の前の人の「痛み」にどう向き合うかが問われています

（里村和歌子・福岡）

「暴力を行使する組織である軍隊は、性暴力と切っても切り離せない。沖縄への基地過重負担という差別はもちろんやめるべきだが、軍隊を引き取ったら、引き取った先に性暴力が広がるのでは？『本土』の女性が米兵に襲われたらどうするつもりか」という批判を受けたことがあります。

目の前の人の「痛み」にどう向き合うか

沖縄県うるま市で２０１６年４月、ウォーキングをしていた20歳の女性が元米兵に殺されるという痛ましい事件がありました。戦後70年以上続く米兵とその関係者による性暴力に、「また守れなかった」と肩を落とす沖縄県民は少なくなかったと聞きます。

この事件からも明らかなように、軍隊は性暴力を必然的にもたらすという大前提は、男女の性差や女性の権利について考える学問分野においても共有されています。基地引き取り運動によく投げかけられる批判のひとつは、「あなたは性暴力も引き取るつもりなのか」です。女性であり、基地引き取り運動を担うひとりである私は、その意見と引き取り運動の関係について考えてみたいと思います。

個人は暴力を振るうことを許されませんが、暴力が認められた国家機関が二つあります。警察と軍隊です。この二つは国家の基礎とされています。具体的に見てみましょう。

たとえば米軍関係の凶悪犯は沖縄県民の3・5倍（人口1万人あたり摘発数）との報道があります（『沖縄タイムス』16年6月18日）。日米地位協定によって守られた米軍という軍隊が孕む暴力性は無視できません。つまり、「性暴力も引き取るのか」という批判の前提は正しいことになります。

一方で、沖縄県民は、70年以上も在日米軍基地を引き受け、「痛い」という声を上げ続けています。70％の基地をたったひとつの県で負担する沖縄県民の「これ以上沖縄に基地は要らない」という主張も、8割が日米安保条約を支持しながら無視してきた「本土」の人たちの責任を考えれば、正しいと言わざるを得ません。

では、この二つの正しさが引き起こすディレンマを、私たちはどう乗り越えていけばいいのでしょうか。

日々、基地を移設しているようなもの

現在、沖縄の米軍基地をめぐって、「軍隊は性暴力が避けられないから軍隊自体をなくすべきだ」という主張と、「ひとつの県に7割もの米軍基地を押しつけるのはやめてほしい」という主張の正しさがぶつかり合っています。

そこで立ちすくむことしかできなかったのが、研究者を含めた従来のリベラル

だったのではないでしょうか。しかし、「性暴力を引き取るのか」という批判は、「だからといって沖縄に押しつけ続けたままでいいのか」という根本的な切り返しに何も答えられません。

沖縄出身でジェンダー論を研究している玉城福子さんは、平和を願う人びとが、性暴力を引き起こしかねない軍隊が日本、さらには世界中から撤去されることを目指すがゆえに、沖縄への基地負担集中の解消が遅れる結果、在日米軍基地の70％を「日々沖縄に『移設』している」ようなものであるということを想像してほしい」と訴えています。つまり、軍隊のこの世からの根絶を目指すためには、あまりにも膨大な時間がかかると予想され、その日が来るまで、沖縄の基地負担が温存されることになるのです。

もちろん、沖縄からの声はさまざまです。全基地撤去や国外移設を望む県民もいれば、基地容認派もいます。基地引き取り論は、09年に当時の鳩山由紀夫首相が「最低でも県外」と訴えたことなどにより噴出した県外移設の声に応える論理です。沖縄を「犠牲」にしてきた、その歴史性・政治性を踏まえ、たとえ沖縄の人たちのほとんどが米軍基地を容認しようと、その責任として「本土」に引き取るべきであるという主張は変わりません。

また、私たちは、全基地撤去派が「基地はどこにも要らない」と訴えてきたことにより、沖縄の基地負担解消の可能性をも奪ってきたのではないか、連帯という名の差別を続けてきてしまったのではないか、という問題提起もしています。

痛みの症状に着目して

もちろん、この世からの戦争の根絶は人類共通の願いです。軍隊や軍事基地がなくなった平和な世界への願いは尊く、それを否定できる人はおそらく誰もいないはずです。

しかし、「完璧」な平和を願うことによって、誰かの足を踏んでいたらどうでしょうか。足を踏み続けることは、平和の実現のためには致し方ないことなのでしょうか。

これは大変なディレンマです。私たちはこのディレンマを前に、どうすればいいのでしょうか。簡単な解決策は見つかりそうにありません。でも、根源的に世界中から暴力を取り除くことはすぐには難しくとも、（起きるかもしれないという）可能性を現実的に減らし、どうすれば納得できるものにするかを具体的に考えることは、できるかもしれません。

たとえば、「痛み」の症状に着目する。目の前で「痛い」と言う人がいたら、その「痛み」をどうしたら取り除けるかを考える。ましてや、その「痛み」の原因が踏みつけている自分の足なのだとしたら、その足をどけるようあらゆる策を試みる――こうした小さな「対症療法」の積み重ねこそが、結果的に、大きな平和を招くのではないでしょうか。

Q 安保体制の固定化につながるのでは？

A 安保条約の存否と引き取りは同時に問えます

（森田果奈・首都圏）

米軍基地の「本土」引き取りを議論する際に、日米安全保障条約（以下「安保条約」）反対派から次のような質問が出されることがあります。

「私は、安保条約そのものに反対しています。だから、基地はどこにも要りません。基地を『本土』に引き取るとなれば、基地の存在を容認することとなり、安保条約の容認と同義ではないでしょうか。また、基地が本土に来ることにより、安保条約の存在が固定化してしまうのではないでしょうか」

安保条約反対派にとっては、もっともな懸念だと思います。

安保条約への支持は8割以上

では、「本土」で最初に安保条約が締結された1951年以降、日本人の安保条約への意識はどう変化してきたのでしょうか。

内閣府調査における安保条約の支持率は、81年の65・8％から徐々に増え続け、2014年には82・9％に達しました。他の世論調査でも、おおむね同じ傾向です。現在もさらに支持者を増やし、その高い支持率が固定化していると言えます。それは、なぜでしょうか。

さまざまな理由が考えられますが、見逃せない事象が挙げられます。それは、戦後日本の復興過程で「本土」の基地が縮小・減少する一方、米国の施政権下に長く置かれた沖縄に基地負担が集中していったことです。

現在、在日米軍施設・区域（専用施設）のない県は47都道府県中34府県あります。面積負担も沖縄だけで7割あるのに対し、「本土」では負担する自治体をすべて合わせても3割です。「本土」の住民にしてみれば、基地負担が減る一方で安保条約は継続し続けてきたゆえに、かえって安保条約への反発や違和感が薄まっていったのではないでしょうか。

また、「本土」に米軍基地が多かった時代を知らない世代がいまでは多数派です。外国の軍隊が駐留し続けることの意味や、基地が身近にあるとはどういうことかを実感しにくく、生まれたときから安保条約が存在する世代にとっては、あるのが当たり前という感覚も強くなっています。

たしかに、安保条約を支持してきた自民党をはじめとする政治家、官僚、米国の知日派などの長年の喧伝や説明によって、多くの国民は一定の理解を示してきました。しかし、その一方でデメリットやリスクなどが十分に説明されてきたとは言い難い状況です。

これらの事実から、「本土」の多くの

地域では安保条約や基地の実情が見えにくい状況にあり、日米安保体制のデメリットやリスクを考えなくてもすむ環境にあることが見えてきます。そのことが支持率の高さに一定の影響を与えていると言えるでしょう。

沖縄の基地負担を減らすのが最優先

どのような安全保障のあり方がよいのかは、今後も日本全体で議論し、民主的なプロセスを経て決めていく必要があります。しかし、安保条約を支持する人が約8割を占めている現在、すぐに破棄するのは容易ではありません。

繰り返しになりますが、沖縄に基地の7割が集中する一方で、「本土」で安保条約の枠組みが必要であると考える人の多くが、基地負担の義務を負わずにすんでいます。義務を負わずして安保条約の利益だけを享受しつつ、賛成しているという構図はまさしく不平等であり、差別だと言えないでしょうか。

また、安保条約そのものの存在を問う問題提起を十分に行えているとは言いがたい状況において、安保条約反対派もその責任を免れられません。いますぐ安保条約を破棄できない以上、まず基地を引き取ったうえで、その問題を自分たちの手で解決していくことが、沖縄の基地負担を減らす当面の方策として有効でしょう。そして、本来そうあるべきではないでしょうか。

さらに、「本土」に住む私たちが基地の負担を平等に負い、他人事ではなく自分事として真剣に考えなければならなくなったときに、改めて安保条約の必要性や問題点を考えるきっかけになると思います。そうしたリアルな議論を経て、初めて真に民主的なプロセスを経た合意や支持がつくられていくことでしょう。

賛成・反対を超えて

引き取る会・首都圏ネットワークのメンバーには、安保条約賛成派も反対派もいます。その是非を問わないのは、「本土」に基地を置くことを拒否し、無意識に沖縄に基地を押しつける結果を招いているのは私たち自身であると自覚しているからです。そして、沖縄の基地集中に対する加害者であり続けたくない、不平等を解消したいという点で共通しているからです。

基地引き取りの論点は、安保条約の是非ではありません。沖縄が「琉球処分」の時代からずっと日本の利益のために利用され、犠牲を払わされ続けてきた点、日本に復帰してからもその構造が継続している点にあるのです。これが最も大切なポイントです。

安保条約の早急な破棄が困難である以上、沖縄の人をこれ以上待たせるわけにはいきません。沖縄の不平等の解消と、安保条約の存在そのものを同時に問うことの両立は、十分に可能であると思います。

Q 沖縄にも基地賛成派がいるのに、基地を引き取るの?

A 私たちは歴史性・政治性を重視しています

(里村和歌子・福岡)

「基地引き取り運動は、沖縄からの県外移設の声に応えると聞いているが、沖縄県民の全員が米軍基地の県外移設を主張しているわけではない。辺野古新基地建設賛成派もいれば、国外移設や全基地撤去を目指す県民もいる。なぜ、あなたたちは県外移設だけを重視するのか?」という批判をよく受けます。

沖縄における県外移設の声は1995年の少女暴行事件を受けて、当時の大田昌秀知事が「日米安保条約が必要なら、全国で米軍基地の応分な負担をすべきだ」と訴えたことに始まります。その後、「カマドゥー小《ぐゎー》たちの集い」(宜野湾市と名護市の主婦たちの集まり)が東京で訴え、2000年代半ばからは「沖縄の基地偏在は植民地主義によるものだ」という主張が生まれました。

さらに、09年の鳩山由紀夫首相による「最低でも県外」というメッセージが契機となって、外国軍の駐留という日米安保体制のリスクとコストを負担せずに、安心と平和という恩恵を受けて暮らす「本土」の人たちへ向けた訴えが広がっていきます。

一方で、沖縄県民のすべてが辺野古新基地建設に反対しているわけではありません。17年に行われたNHKの「復帰45年の沖縄調査」によると、「辺野古移設」への反対が63%に達する一方、賛成も27%と、一定の割合を占めています。また、移設に反対する人のなかでも、すべてが県外移設を求めているわけではありません(県外移設が23%、国外移設が32%、基地撤去が36%)。

では、なぜ基地引き取り運動は県外移設の声を重視するのでしょうか。それは、植民地主義研究(ポストコロニアルスタディーズ)の文脈から生まれた運動だからです。基地引き取りを論理として訴えた高橋哲哉氏は、沖縄からの県外移設論には応分負担論から独立論までグラデーションがあるなかで、基地引き取り論は、沖縄から脱植民地主義を唱える県外移設論に呼応する論理であると分析しています(高橋哲哉「『日本人よ』と問うのは誰か」『N27』8号、2017年)。

すなわち、「琉球処分」、沖縄戦、27年間の米軍施政権下への切り捨て、復帰後の基地集中という歴史性・政治性から考えて、沖縄を「犠牲」にしたうえで成り立ってきた「本土」の人間の責任を果たす論理が基地引き取り論なのです。そして、そこから生まれた運動が基地引き取り運動です。

もちろん、市民運動である以上、さまざまな化学反応が起こり得るでしょう。基地引き取り運動は、脱植民地運動に限らない、人権を守り差別をなくすための、民主主義と地方自治を守るための、開かれた社会運動であるとも言えます。

Q 基地の引き取りは「抑圧の移譲」にすぎないのでは？

A 不平等の是正を求めています

（里村和歌子・福岡）

基地引き取り運動に向けられる批判のひとつに、沖縄差別をなくすために「本土」に引き取ったとしても、それは「抑圧の移譲」にすぎないのではないかというものがあります。それに反論する前に、まず、「抑圧の移譲」という概念について確認しておきましょう。

政治学者の丸山真男は、第二次世界大戦に突き進んでいった日本人の行動原理を「抑圧の移譲」と呼びました。縦の関係のもとで他者との関係を理解する傾向がある日本人は、近代化によって生じた対外関係も上下の秩序で理解しようとしました。欧米諸国という「上」から抑圧され、見下されていると感じた日本という自己は、アジアという「下」に抑圧のはけ口を見出したのです。「劣った者」が「より劣った者」を見出すことによって精神的な安心を得る技法が「抑圧の移譲」だと言えます（西澤晃彦・渋谷望『社会学をつかむ』有斐閣、2008年）。

基地の「本土」移設を「抑圧の移譲」だと批判する人びとは、「米軍基地という危険なものを引き取るといっても、政治経済が集中する東京や大阪などの大都市ではなく、地方や離島などのより弱い地域に移るだけだ」と言います。

しかし、丸山の定義に立てばこの使い方は誤りです。県外移設要求は、自分たちの精神的な安心を求めるために「劣った者」である沖縄県民が「より劣った者」である地方に向けたものでしょうか？

そんなはずはありません。

基地引き取り運動は、沖縄からの県外移設の声に応える運動です。県外移設の要求は、沖縄への基地負担集中という圧倒的な不平等をなんとかしてくれという「本土」という強者に向けた少数者からの切実な要求です。それは、自らの精神的な安定のためにより弱い者に抑圧を押しつけるという「抑圧の移譲」ではありません。県外移設の要求は、平等と人権を求める少数者の正当な権利要求です。

ただし、「抑圧の移譲」という定義にはそぐわなくとも、「引き取ったとしてもより弱い地域に移るだけなのでは？」という批判は成り立つでしょう。

それについては、自分たちの住むまちを例外としないことに解があると私は考えています。県外移設は、迷惑施設は必要だけど自分の裏庭には要らないという「本土」の人たちの利己的な発想――NIMBY《ニンビー》=Not In My Back Yard（「我が家の裏には御免です」）によって阻止されてきました。だからこそ私たちは、この内なるニンビーと向き合うことから始める必要があるのではないでしょうか。

迷惑施設が裏庭に要らないなら、裏庭にあってもいいような形、つまり抑圧にならないような形にするにはどうすればいいか。このことについて真剣に討議する必要があります。

Q 近隣諸国の脅威があるのでは？

A 「抑止力」は神話です

（坂口ゆう紀・首都圏）

米国高官が抑止力を否定

沖縄の基地に反対すると、「中国や北朝鮮の脅威がある」という反論がきます。

それは「中国や北朝鮮への抑止力は沖縄に基地があるからこそ」という考えからでしょう。「地理的優位性」という言葉もあります。でも、負担軽減策の「本土」の反対による頓挫や、「本土」の基地が沖縄に移った事実を見ると、そこには県外の反対運動や反米感情の鎮静化という「政治的」理由が働いています。

抑止力は軍事的にも否定されています。米国のジョセフ・ナイ元国防次官補は、「卵を一つのかごに入れておけば(すべて割れる)リスクが増す」というたとえを使い、中国や北朝鮮の弾道ミサイルの射程圏内にある沖縄だからこそ、基地の集中によってかえって脆弱になると述べました(『朝日新聞』２０１４年12月８日)。

有事に対応できるのか

沖縄の米軍の６割は海兵隊です。海兵隊は長崎県の佐世保基地を母港とする揚《よう》陸艦《りくかん》に乗って任務にあたります。

有事の際に出動命令が出されたとしましょう。洋上展開中は、揚陸艦が航行している場所から目的地に向かいます。基地がどこに所在しているかは、問題ではありません。「地理的優位性」は関係ないのです。洋上展開していない期間は、佐世保から揚陸艦がうるま市にあるホワイトビーチに回航されるのを待ちます。

ここで、朝鮮半島有事を仮定しましょう。佐世保から30～32時間かけてホワイトビーチに南下し、そこから牧港《まきみなと》補給地区(浦添《うらそえ》市)で物資をそろえ、キャンプ・ハンセン(金武《きん》町)に寄って兵員を、普天間飛行場で航空機を載せ、さらに35～40時間かけて釜山に向かいます。合計65～72時間です。一方、佐世保から直接釜山なら８～12時間です(『琉球新報』16年２月５日)。

次に尖閣諸島について。尖閣諸島に関する役割は、海上保安庁・自衛隊が担います。米軍を出動させるには、米国議会の議論を経て承認の手続きが必要です(『琉球新報』16年２月１日)。

米国は中国に国債を買ってもらっているなど経済的関係が深く、争えば財政破綻のリスクがあります。出動承認のハードルはきわめて高く、ほぼあり得ないでしょう。中国にとっても、米国は最大の輸出先です。争いになれば禁輸されてしまいます。米国にも中国にも、尖閣で争うメリットはありません(おきなわ米軍基地問題検証プロジェクト『それってどうなの？沖縄の基地の話。』２０１６年、23ページ)

沖縄の「地理的優位性」や「抑止力」は「神話」であることが分かるでしょう。基地が沖縄にある必要はないのです。

2017年ごろ、沖縄県内外のさまざまな世代のウチナーンチュによって、憲法や民主主義の観点から県外移設論を検討するネットワークが生まれました。

議論の過程で、どのようなプロセスで県外移設が実施されるかの具体案が出され、シンポジウムやChange.org（オンライン署名）、地方議会への働きかけなどを通じて、日本全体に問う取り組みを開始。本書はその一環として刊行されました。第一部に収録された論文では、以下のプロセス案と、その根拠が述べられています。

「1 辺野古米軍新基地建設工事を直ちに中止し、米軍普天間飛行場を運用停止にすること。

2 米軍普天間飛行場の代替施設について、沖縄以外の全国のすべての自治体を等しく候補地とすること。

3 その際、米軍基地が必要か否か、普天間基地の代替施設が日本国内に必要か否か当事者意識を持った国民的議論を行うこと。

4 国民的議論において米軍普天間飛行場の代替施設が国内に必要だという結論になるのなら、その結果責任を負い、民主主義及び憲法の精神に則り、一地域への一方的な押付けとならないよう、公正で民主的な手続きにより決定すること」

「軍事的に沖縄である必要はないが、本土の理解が得られないから辺野古が唯一」というのが、日米両政府の安全保障分野担当高官も述べている辺野古新基地建設の根拠です。しかし、これこそが「構造的差別」に他なりません。

「新しい提案」は、「沖縄以外の全国のすべての自治体を等しく候補地とする」ことで、新基地建設の根拠をダイレクトに突き崩していく効果を狙いました。本書には、意見書採択を求める陳情書案も掲載されており、全国どこでも誰でも一人でも始められます。各地の地方議会から国に意見書が提出されれば、これからの（埋め立て承認）撤回訴訟にも活かされます。18年12月、私が出した陳情に基づき小金井市議会（東京都）が意見書を提出。19年2月には小平市（東京都）でも市内在住沖縄人が請願し、同様の意見書が提出されました。

第二部には、「新しい提案」への応答として、立場や専門分野の異なる人たちの意見が収録されています。新基地建設を止めるために、沖縄県内外あらゆるアイデアの結集が必要です。「新しい提案」もその一つのアプローチであり、さまざまな局面での活用が期待されます。

（米須清真・首都圏）

BOOK

『沖縄発新しい提案――辺野古新基地を止める民主主義の実践』
新しい提案実行委員会編
（ボーダーインク、2018年）

コラム4

日本人とは誰のことか？

「国民の平等負担」を求める引き取り運動に対して、「『自分たちは日本人とは違う』と言っている沖縄の人たちを『同じ日本国民』と言うのは、彼らの意思に反しているのではないか」という批判があります。しかし、これは、日本国籍保持者としての日本人と、民族としての日本人を混同している発言です。

海外の例を見ると、たとえば多民族国家であるロシアには、ロシア人ではないロシア国民がたくさんいます。ソ連時代には、ジョージア（グルジア）人のスターリンが国家指導者になりました。ロシア語を見ると、日本語で「ロシアの」と訳せる語は「ロシースキー rossiiskii」と「ルースキー russkii」の2つがあります。前者は国家としてのロシアを指し、後者は民族としてのロシアを指します。

沖縄にも、「ウチナーンチュ」というアイデンティティと、日本国民というアイデンティティが同居する人が多くいます。また、独立を求める人もいるので、仮に独立した場合、米軍基地の配置問題は大きな岐路に立たされるでしょう。

ただし、「日本人とは誰か」という問題については、独立が達成されても答えは変わりません。「ウチナーンチュ」という民族的アイデンティティを持ちつつ日本国民でいる権利は、独立後も当然保証されるべきです。イスラエルというユダヤ人の国家ができても、ロシアや米国など各国にユダヤ人が住み、それぞれの国民としてと同時にユダヤ人として生活しているのと一緒です。

日本国民の中にも、アイヌや朝鮮など、さまざまなルーツを持つ人がいます。にもかかわらず、日本ではいまだに、国籍と民族の名称が一致するはずだと考える人が多いようです。たしかに19世紀から20世紀にかけて、「一民族一国家」というポリシーが、ヨーロッパを中心に世界各地へ広まりました。それは身分制を廃した「国民間の平等」を求める動きでしたが、「権利の平等」を盾に、その国のマジョリティへの同化を推進する動きと表裏一体でもありました。

逆に「違いの尊重」と称し、マイノリティへの差別が温存されることもありましたし、現在もあります。このように現在の国民国家においては、しばしば「平等」が即「差別」に結び付くことに、注意する必要があります。

日本には、日本国籍を持たない「在日」の人もいて、基地引き取りはこれらの人びとの生活とも関わってきます。とはいえ、外国人参政権の問題が解決するまで沖縄差別を放置するわけにはいきません。こうした差別は、同時並行で解消を図っていくべき問題です。34ページの寄稿のように、引き取り運動に参加する「在日」の人もいます。このように、沖縄に対する差別と他の差別との関連性を捉える視野も重要です。

（左近幸村・新潟）

Chapter 5

基地引き取り運動Q & A

Lead

「基地引き取り運動といっても、いったいどこに引き取るの!?」と、気になる人は少なくないはず。こうした基地引き取り運動についての本質的な問いに果たして正解はあるのでしょうか。

Q どこへ引き取るの？

A1 民主主義と地方自治尊重の原則に則って決めます

（福本圭介・新潟）

まず実行すべきは、普天間基地の引き取りです。私たちの会は、沖縄以外の全国の全自治体が、等しく引き取りの候補地となると考えています。もちろん、私が住む新潟市も含まれます。

ただし、どこに引き取るのかを私たちの会が独断的に決めることはしません。引き取り地の決定を政府に丸投げし、政府が強権的に決めるようなこともさせません。基地の引き取り地を決める際に重要なのは、その決定のプロセス。ポイントは、民主主義と地方自治の尊重です。

まず、そもそも代替施設が国内に本当に必要なのか、基地を引き取る当事者の立場で国民的議論を行い、結論を出します。そして、どうしても国内に必要という結論になるのなら、一地域への一方的な押しつけとならない公正な手続きのもとで引き取り地を決定します。

米軍基地は自治体に重大な自治権の制限を強いるので、基地の移設には、自治体の自治権の制限と保障を定めた法律の制定が不可欠です。また、そうした特別法をつくるには、憲法に則った住民投票（地域住民の同意）が必要になります。このように、どこに引き取るのかは、民主主義と地方自治の尊重という原則のもとで、この国の主権者が最終的には国会で決めます。

A2 地元に引き取る覚悟は必要です

（佐々木史世・首都圏）

基地引き取り運動に関わっていると言うと、必ず「どこに引き取るのですか？」と言われます。私は東京の都心に住んでいるので、「私が住む都心です」と答えたくなります。でも、引き取り運動として最初にやるべきことは、引き取る場所の提示でしょうか。

私は、そうは思いません。基地引き取り運動は、立ち上がったばかりの社会運動です。まず優先すべきは、沖縄からの県外移設。「引き取れ」という声を「本土」で広めなければなりません。同時に、国会や地方議会の場で引き取りを議論するための土台をつくっていくべきだと思います。そして、沖縄に負担を押しつけすぎた、「本土」も負担しなければならない、と圧倒的大多数が理解したとき、どこに引き取るかという議論が成り立つでしょう。

ただし、自分が住む市町村に引き取るという強い覚悟は必要だと思います。構造的な差別の結果、沖縄に押しつけてきた基地は、本来「本土」が負担すべきものです。その覚悟がないまま引き取りを主張しても、基地を沖縄へ押し返すことになりかねません。

そうならないためにも、自分の街に来て当然だということを常に念頭に置いて、引き取りを主張したいです。

A3 苦しくも重大な課題です

（里村和歌子・福岡）

引き取り先について、私たちは「福岡も含む『本土』」と答えるようにしています。日米両政府高官が口をそろえて言うように、在沖米軍基地の引き取りが実現するとなれば、その移設先が九州となる可能性は高いです。では、私たちはどう向き合っていけばいいのでしょうか。

ひと言で九州といっても広く、多くのメンバーが住む福岡市は九州の中核都市です。一方、移設先としてよく候補に挙げられる佐賀県や大分県は地方であり、それらの地域との関係性において「中心−周縁」の力関係から逃れることができません。「沖縄差別をなくすために我慢せよ」と都市の人間が地方の人間に向けて言う市民運動は、おそらく成立しないでしょう。どこへ引き取るかは、簡単に解が見つからない、苦しくも重大な課題です。

しかし、そこでふと気付くわけです。このような問いを沖縄の人たちはずっとかかえ、悩み、決断を迫られてきたのではなかったかと。考えてみれば、ようやく私たちは「自分事《ごと》」としてまともな民主主義を考えるスタートラインに立ったとも言えます。

悩みつつも、多くの市民にこの運動に参加してほしいと願っています。

A4 まずは、生き方を変えよう

（松本亜季・大阪）

私たちが考える基地引き取りの最大の目的は、思想・信条がどうであれ、沖縄を差別してきたという政治的立場性（ポジショナリティ）にある自分たちの生き方を変えることです。

沖縄差別が最も目に見える形で表れているのが、米軍基地の押しつけだと思います。この状況を変えるためには、まず押しつけたものを引き取ること、そのうえで、安全保障や基地をどうするのかについて、主体的に考え、行動することが大切です。主体的に考える選択肢の中には、引き取った基地をなくすことや、日米安保条約を破棄することも含まれます。

沖縄の基地の問題に向き合い、「引き取り」を訴える場合、自分自身の「責任」の問題ですから、当然、自分の住む市町村を想定することが起点となります。とはいえ、候補地選びの議論が先行するのは、私たちの目指すところではありません。また、ポジショナリティを脱却するという一番の目的が抜け落ちてしまいかねません。

大きな問題は、誰もが候補地になりたがらない状況の中で、なぜ沖縄に基地が集中しているのか、なぜ沖縄ならよしとされるのか（よしとしてきたのか）です。この状況を変えるための気付きや議論を喚起しなければならないと思っています。

Q 引き取って終わりですか?

A 引き取りは、地方自治の発展に向けた一つの過程です

(左近幸村・新潟)

米軍に対する縛りを設ける

引き取り運動の終着点はどこなのか、疑問を抱く人は多いでしょう。参加メンバーの中でも、まだ詰め切れているわけではありません。安保条約破棄を最終目標としている人もいれば、安保条約を存続させるために引き取るという人もいます。ただし、いずれにせよ、「引き取って事件や事故が起きたら責任を取れるのか」という疑問は生じるでしょう。

たとえば、1977年に横浜市で母子3名が死亡した米軍機墜落事故のような悲劇が、各地で起きるかもしれません。オスプレイの危険性を考えれば、なおのことです。しかし、忘れてはならないのは、沖縄の人びとはそうした危険に常にさらされてきたということです。

ここで言えるのは、米軍に対するさまざまな縛りを設け、それが引き取り後も実現されているかどうか、改善すべき点はないか、監視していく必要があるということです。たとえば、日米地位協定の抜本的な改定。それも引き取ってから行うのではなく、すぐに始めるべきです。この点については、すでに少なからぬ人が指摘してきました。

自治権の大幅拡大

引き取り運動の立場からは、米軍基地が存在する自治体の自治権の大幅拡大を、即座に求めます。そこには、在日米軍に関する日米の交渉に参加する権利も含まれるべきです。

米軍基地を引き取った自治体には、金銭的補償も必要でしょう。でも、それだけでは結局「札束でひっぱたいて、引き取らせる」ことになりかねず、新たな植民地主義になります。私たちが見直したいのは、安全保障という大義名分のもとに国家権力が地方自治を踏みにじる構図です。

引き取り運動が2017年に実施した知事アンケートでは、知事の間に「米軍基地問題は国の専権事項」という認識が広がっていることが明らかになりました。それは、選挙民の意識の反映でもあります。しかし、米軍基地問題は、それが存在する自治体にとっては、地方自治のあり方と直結します。そのことは現在の沖縄が端的に示しています。

引き取り運動は、単なる米軍基地の移設ではなく、地方自治の観点から国の形を問う運動であり、引き取り後もその問いに答えることが求められるはずです。つまり、引き取って終わりではなく、米軍との関係をどのように築いていくのか、不断に問われるのです。

そんなにうまくいくのか、疑問に思う人も少なくないでしょう。最近の原子力行政を見ても、住民の同意を得ようとする際に杜撰《ずさん》な対応が目立ちます。同じことが基地

引き取りでも起こり、地方自治がないがしろにされたまま、結局どこかの地域に基地が押しつけられるかもしれません。

交渉しなければ始まらない

でも、政治目標を達成しようとする場合、「確実に勝てる試合しかしない」という態度が正しいでしょうか。引き取り運動に対してよく寄せられる「対話しても利用されるだけ」「話し合うだけ無駄」という批判は、北朝鮮に関する問題でしばしば耳にするものです。とくに02年の小泉訪朝以来、拉致問題の解決が日本にとって焦眉の課題となったはずですが、北朝鮮の現体制の延命に都合よく利用されることを恐れて、対話に及び腰になっています。

自分の原理原則を頑なに相手に押しつけるだけでは、膠着状態を招く結果にしかなりません。「基地はどこにも要らない」というスローガンも、ひたすら唱えるだけでは、平和を願う強い気持ちが裏腹の結果をもたらすことになります。

安倍政権や、その後継の政権は、引き取り運動を利用するかもしれません。しかし、政治の世界で話し合いによる解決を目指すとき、誰かに利用される危険が常に伴います。本当に完全な戦争放棄を目指すのなら、ヒトラーが相手でも交渉のテーブルにつく必要があります。

また、安倍政権でなければ引き取りに賛成するのですか、という疑問も生じます。今後、もっとひどい政権が誕生する可能性もありますが、もっと信頼できる政権を誕生させることもできます。それは国民一人ひとりの選択の結果です。安倍政権が信用できないのなら、よりましな政権を選ぶ努力をするべきです。

もちろん、その過程で安保条約破棄を目指すことも可能ですが、日本共産党ですら条件付きで当面容認し、翁長前知事も玉城現知事も肯定していることを直視すべきです。それに、どのような理由であれ安保条約が破棄された場合、自衛隊をどうするのかという問題が出てきます。

一方、現行のあり方が良いかどうかはともかく安保条約が必要であると考えるなら、その負担をどのように分担して維持するのかを、真剣に議論すべきでしょう。なお、80ージで述べられているように、沖縄の米軍基地の地理的優位性は専門家の間で否定されています。

引き取り運動自体は、安保条約を肯定も否定もしません。大多数の日本国民が数十年にわたって容認している以上、応分の負担を全国に求めるべきだと言うだけです。

ただし、日本の安全保障のあり方をめぐる対話のために、さまざまな立場の人に引き取り論を「利用」してほしい、という思いはあります。安保条約の善し悪しを「沖縄の問題」に限定せず、日本全国の問題として、また政府の専権事項とするのではなく、国民一人ひとりが地方自治の観点から判断すべき問題として、議論するきっかけにしてほしいのです。

Q 「総論賛成・各論反対」「NIMBY」をどう乗り越えるのですか？

A 「本土」に「分散」させつつ、基地のあり方を変質させます

（福本圭介・新潟）

被害を押しつけてきた「本土」の人たちに基地引き取りを提案すると、しばしばこんなふうに言います。

「これほどまでに基地が沖縄に集中していることはたしかにおかしいし、沖縄の負担軽減には賛成する。でも、基地被害を考えると、やはり自分が住む市町村には引き取れない」

これは、総論賛成・各論反対のいわゆるNIMBY《ニンビー》（「我が家の裏には御免です」）の意見です。

こうしたニンビーは、決して少数派ではありません。２０１７年４月のＮＨＫの世論調査をみると、日本人の多くがそうであることが分かります。在日米軍基地（日米安保条約）を重視し（83・２％）、沖縄の抜本的な基地負担軽減の必要性に気付きながらも（55・３％）、基地を自分の都道府県で引き受けるのは御免だと主張する（57・８％）のが、日本のマジョリティです。では、ニンビーをどう乗り越えていけばよいのでしょうか。

多くの人たちが基地引き取りに消極的なのは、深刻な基地被害の実情を知っているからでしょう。沖縄では、米兵による凶悪な事件・事故、性暴力、航空機やヘリの墜落、環境汚染といったすさまじい基地被害が起きています。

これを天災のような自分と無関係な問題だと思っている人もいますが、まったく違います。沖縄県民は、基地被害にあっている「かわいそうな人たち」ではなく、「本土」のマジョリティの政治的選択による被害者です。

沖縄にこれほどまでに基地を集中させる安全保障政策は、政府だけでなく、この国のマジョリティの政治的選択です。私たちは、別の選択もあり得るのに、この差別的政策を続ける政府をずっと選択してきました。ニンビーを乗り越えていくためには、まず自分がすさまじい基地被害を沖縄にもたらしている張本人なのだと自覚しなくてはなりません。

「沖縄の被害は分かった、そして自分が加害者なのも分かった。それでも、危険な基地は引き受けたくない」という人もいるでしょう。沖縄の被害を知れば知るほど、基地を受け入れることが怖くなるのは理解できます。

しかし、同時に、それだけの被害を沖縄にずっと強制してきたという歴史的事実を「本土」のマジョリティは自覚しなくてはなりません。「本土」防衛のために沖縄を犠牲にした沖縄戦についてまったく反省することなく、いまも国土面積0・6％の沖縄に米軍専用施設の70％を押しつけている状況は異常です。基地を欲する「本土」が基地を引き取るのは当然です。基地は「本土」に分散するほかありません。

「分散」ではなく、安保条約の破棄と

いう道があると主張する人もいるでしょう。たしかに安保条約が破棄されれば、基地を分散させずに問題が解決できます。でも、安保条約を破棄するまでにどれほどの時間がかかるでしょうか。

「安保条約を破棄するまで、差別的な政策に耐えてくれ」と沖縄県民に言うことはできません。差別は、いますぐやめなくてはならない。求められているのは、沖縄に基地を集中させてきた差別的政策を一刻も早くやめることです。

それでも、危険極まりない基地は嫌だ、「引き取り」は認められないという人がいるでしょう。もちろん米軍基地は危険です。戦争が始まれば、ミサイルや空爆の標的にもなります。その本質的な危険性の除去は不可能です。

引き取りの過程で基地のリスクを軽減

しかし、私たちはこれまで、米軍基地のリスクを軽減するための努力をどれだけやってきたでしょうか。ここで、私たちが主張している「基地引き取り」が重要な意味を持ってきます。「基地引き取り」とは、基地の危険性をそのまま「本土」に移設することではありません。私たち「沖縄に応答する会@新潟」では、「基地引き取り」とは、基地を「本土」において「分散」させつつ、変質させることだと考えています。

基地引き取りは、「民主主義」と「地方自治の尊重」という原則を貫徹するプロセスです。まず、そもそも代替施設が国内に本当に必要なのかについて国民的議論を行います。そして、どうしても国内に必要だという結論になれば、一地域への一方的な押しつけとならないように、最終的には国会での審議を経て引き取り地を決定するのです。

米軍基地は存在そのものが設置自治体に対して重大な自治権の制限を強いるため、基地の移設には、引き取り地の自治権の制限と保障を定めた法律の制定を義務づけます(憲法第92条)。また、そのような特定の自治体に対する特別法を制定するには、当然、住民投票(地域住民の同意)が必要不可欠です(憲法第95条)。つまり、基地引き取りには、国会における法律制定と引き取り地における住民投票が不可欠なのです。

このプロセスを経る中で、基地は変質せざるを得ないでしょう。基地の設置場所は、閣議のような少数者の場ではなく、特別法の制定によって決定される以上、国会議員と地域住民の承認なしでの設置は不可能になるからです。このプロセスは、基本的人権を無視した日米地位協定の抜本的改定をも必須課題として浮上させるでしょう。

こうして基地引き取りは、新しい自治を創出しつつ、植民地主義(差別)に立脚したこの国の安全保障を根本から変えていきます。引き取りは危険だというニンビーに対しては、こう言うべきです。

「基地引き取りこそ、基地のリスクを軽減する王道である」

各地の引き取り運動ニュース

沖縄に応答する会＠山形

「辺野古が唯一」と聞くたびに、思っていました。辺野古ではなく、山形の海であっても空であってもよいのではないか、どうして沖縄なのか、と。そして、普天間基地ゲート前のゴスペルを歌う集会で、「山形から来たのなら、山形に一つ基地を持って帰ってくれ」と言われたとき、心の中で考えているだけではダメだ、運動しなければいけない、基地を引き取る会をつくりたい！と思いました。

２０１７年11月、東京で聞いた知念ウシさんの「小さな渦巻きを起こしていこう」に触発されて、その場で山形の会の立ち上げを決意。現在の会員は5名で、日曜日のスタンディング、木曜日の昼食会、月に一度の上映会を行っています。

基地に反対している人は基地が嫌だから反対しているので、嫌なものは引き受けることができません。そんな身勝手さを指摘されると不機嫌になり、さらに強く自我の心を石にします。沖縄を差別しているのは政府や国であり、自分ではないと言わんばかりに。そして、基地引き取りなんて、できっこない、みんなが嫌なのだから、と言うでしょう。

与えられた小さな自由に満足するだけの、奴隷のごとく生きてきた私たち。でも、誰にでも奇跡は起こる。私でも変えられたのだから。もし、みんなが基地を引き取ろうと言い、押しつけ合うことをやめたならば、平和が訪れ、基地の要らない世界になるはずです。（漆山ひとみ）

沖縄差別を解消するために 沖縄の米軍基地を兵庫に引き取る行動

きっかけは、17年3月に家族旅行で行った辺野古の浜のテントで説明を聞いたことです。その後、『月刊むすぶ』17年1月号で関西沖縄文庫と引き取る行動大阪を知り、沖縄に行かなくても基地建設反対ができると知りました。そして、知念ウシさんや野村浩也さんの本を読み、基地を押しつけたくないと思い、大阪の引き取る行動に参加。さらに、兵庫の行動の名刺とブログをつくりました。主に大阪の行動に参加しています。地元の自治体にも陳情しました。

当面の目標は、辺野古の新基地建設を止めること。17年8月上旬には、辺野古の座り込みに初めて行きました。こうして現場で止めるのも一つの方法です。同時に、遠回りのようでも、引き取る行動は政府に対して別の方向からの意味があると考えています。

それは、沖縄だけに過重な基地を押しつけるのは不公平だと考える人の心を動かし、政府の横暴な行動を抑制するからです。沖縄を抑圧してきた歴史を考えれば、自らの加害性を認め、沖縄の米軍基地を全部なくし、基地被害から逃れてきた日本本土で負担するのが筋です。

嫌なものを他人に押しつけ、それを無

視して自分たちだけ楽でいることに耐えられません。

（小宮勇介）

沖縄に向き合う@滋賀

デビューは、沖縄の人たちにとって「屈辱の日」である4月28日（18年）です。「沖縄に基地と犠牲を押しつけるのは差別」という共通認識から、月に一度は駅前スタンディングをやろうと一致。以後、JR草津駅前で「沖縄差別をやめよう！スタンディング」に取り組んでいます。

メンバーは反ヘイト、反差別の市民運動で一緒に行動している人たちが中心。言葉は少なくても、なんとなく分かり合える仲間です。

9月には記録映画『OKINAWA1965』の上映会を開催しました。この映画会を通じて、沖縄の怒りの原点を知り、学び、共有できたと思います。同時に、私たちのささやかな運動を知ってもらい、翁長前知事の遺志、すなわち「安全保障を国民全体で考えて負担する」「県外移設」「平等負担」の意味を共有できたのではないかと考えています。

滋賀県内のウチナーンチュの皆さんともつながりながら、沖縄差別からの解放、植民地主義からの解放のために何ができるかを今後も考え、実践していきます。

（田中 守）

沖縄の基地を考える会・札幌

沖縄になぜ基地が偏在しているのか、なぜ民意が尊重されないのか、安保条約を必要としている国民に沖縄の歴史を含め考えてほしいというウチナーンチュの思いで、「沖縄の基地問題を考える会」の立ち上げを北海道で準備中です。

私は沖縄の米軍基地前で生まれ、日本の教育を受けました。中学校で日本国憲法を学びましたが、憲法は米軍統治下のもとで米軍の凶悪な事件について治外法権。国政参加も民意の尊重も、沖縄県民にはありませんでした。

その後、日本復帰を「本土」で迎え、憲法のもとで生活ができると喜びました。でも、46年経ったいまも実質的には米軍統治のままです。

リゾート観光地として沖縄を訪れる人は年々増えています。一方で、基地の歴史を知る人は少なく、逆に日本を守るため、沖縄経済のために基地は必要であると、多くの日本人が考えています。

基地関連の事故や事件が多く起こるなかで、「基地はどこにも要らない」と沖縄は戦後70年以上訴え続け、闘ってきました。しかし、その思いは届いていません。世界一危険な普天間基地の移設という名目のもと、軟弱地盤で活断層が判明した辺野古で、自然環境を破壊して新基地が強引に造られようとしています。

米軍基地があるのは、80％の国民が必要とする安保条約のためです。「安保条約は必要だがリスクは負わない」という無意識の認識が、沖縄に米軍基地を偏在させています。それは差別です。

（とぅなち隆子）

琉球・沖縄と日本(ヤマト) それぞれの歩み

沖縄と日本では、歴史認識にも言論空間にもかなりの違いがあります。そのことを理解するには、１８７９(明治12)年の琉球併合(いわゆる「琉球処分」)で日本が沖縄を武力併合した歴史を知らなければなりません。同時に、現在も続く併合した側と併合された側という、埋めようのない非対称な関係性について考える必要があります。

◆明治時代と意識が変わらない日本人

現代日本人のルーツは基本的に、弥生時代に朝鮮半島から来た渡来人であると言えます。それまで住んでいた縄文人と混血しながら、渡来人優位の社会を築きました。それは、古代国家の成立期に天皇陵が朝鮮半島と同じく古墳として造られたことや、現在の天皇家のたたずまいを見ても分かります。

その後、武士を中心とする社会が築かれ、明治以降は天皇制を中心とする国民統合政策によって「日本人」という意識が生まれました。敗戦後74年経ったいまも、「本土」の日本人の意識は明治期とそう変わっていないと言えます。

そのため、琉球・沖縄を含むアジア侵略について反省することができず、リベラルと言われる日本人にも、琉球を併合・利用してきた自らの責任は認めようとしない人が多いのが実情です。天皇制を中心とした国民統合政策の影響が色濃く日本人のなかに残っているため、さまざまなことが曖昧なままなのです

◆「日本化」と「琉球化」に揺れる沖縄

沖縄側も曖昧な点は同じです。琉球は、現在の中国や日本と関わり合いながら、独自の歴史を歩んできました。日本が室町時代だった１３７２(洪武《こうぶ》5)年に明《みん》国へ朝貢を始め、アジアの国際社会に認知された存在となります。１４２０年代に沖縄島に統一国家が成立し、ヤマトや朝鮮・東南アジアの国々と交易を行いました。それゆえ、16世紀半ばのポルトガルの地図では琉球が大きく描かれ、その一部として日本があると認識されていたのです。

１６０９(万暦《ばんれき》37)年の薩摩藩の侵攻以降は、日本と清《しん》国の双方に従属しつつも、両者の文化を取り込み、空手や組踊《くみおどり》などの独自の文化を育んでいきます。明治政府による琉球併合の動きが起こると、琉球国王に仕えた士族たちが清国に助けを求める「救国運動」が起こりました。

しかし、日清戦争(１８９４~95年)で清国が敗北した後は、沖縄に日本の神社が次々に建てられ、日本語教育が行われます。沖縄のエリートたちは「日本国民になろう」と県民に努力を呼びかけました。台湾先住民やアイヌ民族よりも自分たちが優れていると思うことで、「未開」という侮蔑的な視線から逃れようとしたのです。１９０３(明治36)年の学術人類

館事件（49ページ参照）は、そんな沖縄人の心情を象徴する出来事として語り継がれています。

琉球併合以後に培われた「日本人になろう」という意識は、暮らしのなかで育まれてきた「琉球・沖縄人意識」との間に矛盾をかかえつつ、敗戦後も引き継がれ、復帰運動のうねりにつながりました。

◆琉球化のうねり

一方、近年は「ウチナーンチュ」としてのアイデンティティを強く意識する沖縄人が増えてきました。72年の日本「復帰」後も、米軍基地は集中したままで、沖縄の「異国状態」は続いています。そうした経緯からも、「ヤマト」を自分たちとは異なる人びととして認識し、「米軍基地を押しつけてきたのはヤマトの人たちだ」と捉える傾向が強まっています。「しまくとぅば」（島言葉）と呼ばれる琉球諸語を復興しようという運動も盛んです。沖縄の考古学者・安里進さんはこう話します。

「沖縄には縄文時代の前期とグスク時代の開始期、そして明治以降の近代にヤマトから多くの人が入ってきて日本化したと考えられていますが、3万年余のほとんどの期間は独自の歴史を歩んできました。琉球処分以降、沖縄は3回目の『日本化』の時期を体験してきましたが、今は再び『琉球化』という歴史の大きなうねりが起き始めているように思えます」

15年にヤマトで始まった引き取り運動は、沖縄と日本の歩みの違いを踏まえた人たちによって進められてきました。引き取り運動を知ることは、沖縄と日本の違いについて考えることであり、自分自身について知ることでもあります。

（大山夏子・沖縄を語る会）

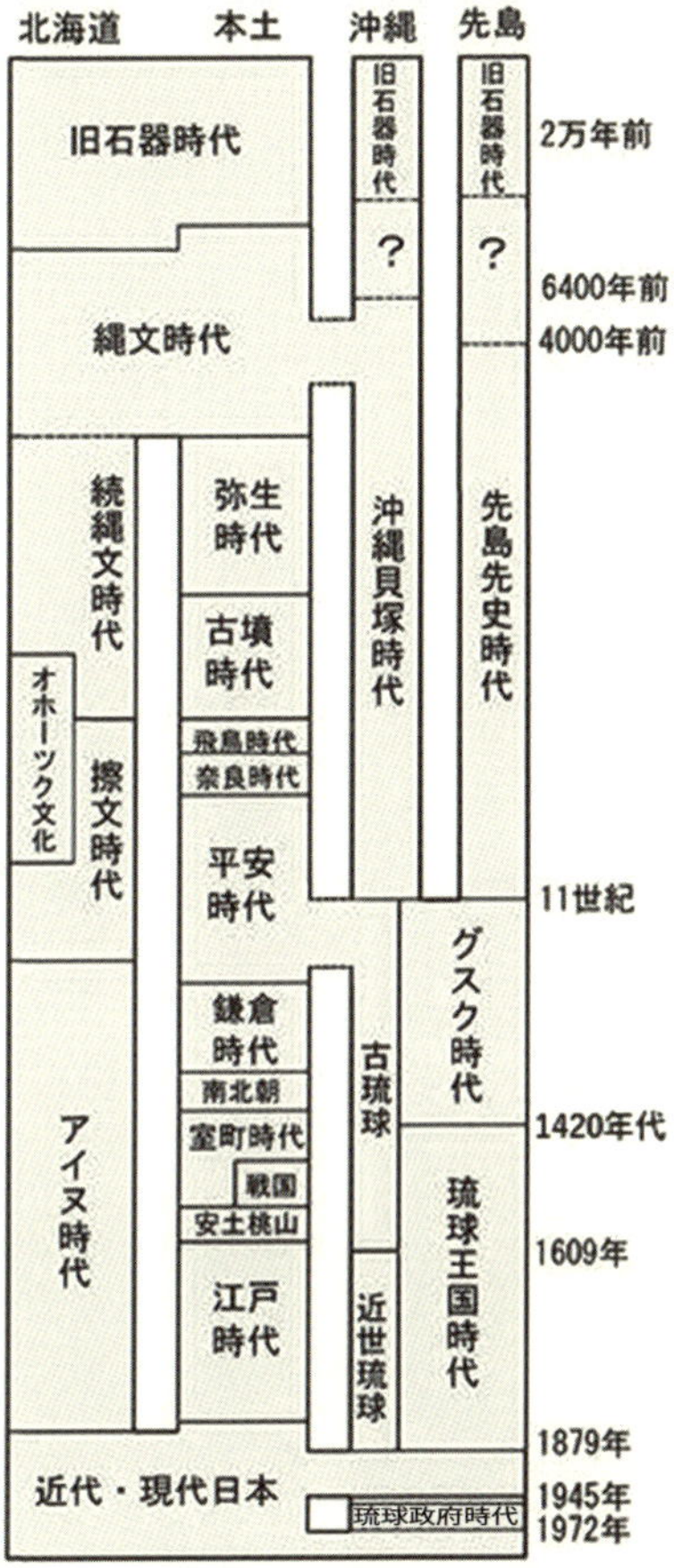

図2　日本列島の歴史展開

（注）先島は宮古・八重山の総称。

（出典）安里進・土肥直美『沖縄人はどこから来たか―琉球＝沖縄人の起源と成立（改訂版）』（ボーダーインク、2011年）より作成。

コラム5

大田昌秀と沖縄

――皇民から日本人、そして沖縄人へ

大田昌秀さんが2017年6月12日、92歳で亡くなりました。沖縄県知事時代、「日米安保が大事なら全国で基地の負担を分かち合うべきだ」「誰も基地を引き取ろうとは言わない。どこまで沖縄は我慢すればいいのか」と本土への怒りをストレートに表現しました。その原点にあったのは、沖縄戦での凄惨な体験と、「構造的差別」への怒りです。

大田さんは、1925(大正14)年に生まれ、皇民化教育を受けました。沖縄師範学校2年のとき、「鉄血勤皇隊《てっけつきんのうたい》」に動員され、砲弾が飛び交う戦場へ。軍令を守り、敗戦後も約2カ月、海岸の岩陰に潜んでいたそうです。多くの同級生を目の前で失い、九死に一生を得た立場から、戦後、皇民化教育がもたらした歪みについて考えていきます。

69年の著書『醜い日本人――日本の沖縄意識』では、沖縄の問題を「自分の問題」として捉えようとしない日本の政府やジャーナリスト、文化人らを厳しく批判。一方で、「日本国憲法のもとで国政に参加することが権利回復の道」と復帰への希望を示し、自分たちについて「沖縄の日本人」と表現しました。しかし、2000年に刊行された同書の新版では、「中央政府・本土日本人」と「沖縄・沖縄人」を対比させました。

「薩摩と琉球の支配と被支配とのありようがそのまま踏襲されたことこそが、それ以後、沖縄・沖縄人が、日本のマイノリティ・グループとして位置づけられ、今日まで常に日本(本土)という大きなものの利益のために犠牲を強いられるという、不幸な事態に落ち入った」

この記述からは、「皇民」から「日本人」、そして「沖縄人」へと意識が変容していく思考の足跡がうかがえます。

晩年は、沖縄独立論についても、賛同はしないまでも肯定的に論じました。忠実な臣民であろうとした戦前・戦中の沖縄人、日本国憲法に期待して復帰を望んだ米軍統治下の沖縄人、変わらぬ基地負担に苦しみながらも本土に追いつこうとした復帰後の沖縄人、そして基地を押しつけ続ける日本人への失望と怒りを隠さなくなった現代沖縄人。大田さんの歩みは、そのまま沖縄の近現代史と重なります。

約2000人が参列した県民葬では、辺野古新基地建設を強行する安倍首相の前で、親友だった比嘉幹郎《ひがみきお》さんが「大田さんの遺志を尊重し、沖縄に対する差別と犠牲の強要に反対し、世界の恒久平和と繁栄のために頑張りたい」と弔辞を述べ、満場の拍手がわきました。比嘉さんは保守の西銘《にしめ》順治知事のもとで副知事を務めた人物です。そこには、保守も革新もない現代沖縄人の心情が凝縮されていました。

(大山夏子・沖縄を語る会)

● Contact list ●

「辺野古を止める！ 全国基地引き取り緊急連絡会」(成立順)

沖縄差別を解消するために沖縄の米軍基地を大阪に引き取る行動　info@tbbo.koudo.info　090-2087-3464

本土に沖縄の米軍基地を引き取る福岡の会(FIRBO)　hikitorukai@gmail.com　090-7157-5249

沖縄問題を考える上五島住民の会　utano@lime.ocn.ne.jp　0959-42-3427

沖縄に応答する会@新潟　fkmt2003@yahoo.co.jp　080-1094-9474

沖縄の基地を引き取る会・首都圏ネットワーク　soraksan97@gmail.com　080-7010-2170

沖縄に応答する会@山形　monica21@ezweb.ne.jp　080- 6027-9450

沖縄差別を解消するために沖縄の米軍基地を兵庫に引き取る行動　yusuqea@gmail.com　090-3928-7596

沖縄に向き合う@滋賀　pulu.mamoru@gmail.com　090-2011-0316

沖縄に応答する会@埼玉　chizuko.minakze.0913@gmail.com　090-4600-1027

沖縄の基地を考える会・札幌　toiton1950@icloud.com　080-5580-9593

あなたの街でもぜひ！

沖縄の米軍基地を「本土」で引き取る！
――市民からの提案

二〇一九年四月一〇日　初版発行

編　者　「沖縄の米軍基地を『本土』で引き取る！」編集委員会

発行者　大江正章
発行所　コモンズ
東京都新宿区西早稲田二-一六-一五-五〇三
TEL（〇三）六二六五-九六一七
FAX（〇三）六二六五-九六一八
振替　〇〇一一〇-五-四〇〇一二〇
info@commonsonline.co.jp
http://www.commonsonline.co.jp/

印刷・東京創文社／製本・東京美術紙工
乱丁・落丁はお取り替えいたします。
ISBN 978-4-86187-158-0 C 0031

Q

1952年「9：1」。1960年代「1：1」。
1972年から2017年まで「1：3」。
これは何の数字？

A

©りんりんはっぱ

答えは、在日米軍基地配置の「本土」と沖縄の構成比。逆転した数字は、「本土」の米軍基地が次々と沖縄に移転した結果を表しています。歴史的にも「本土」は沖縄を切り捨て、利益を得、そして今や8割以上の日本人が日米同盟（日米安保体制）に賛成し、0.6％の国土面積の沖縄に70％もの米軍基地（専用施設）を押しつけたまま見て見ぬふりをしています。

基地引き取り運動は、「本土」の人間の責任として、沖縄に追いやった米軍基地を引き取ることを目指します。それこそが、私たちの生き方やこの社会について主体的に考え、沖縄の人たちと対等に出会い直すための数少ない選択肢だと思うから。

「じぶんの荷物はじぶんで持つよ」。まずはここからはじめませんか？